경관색채계획의 이론과 실천
보이는, 그리고 보이지 않는 도시의 색채

경관색채계획의 이론과 실천
보이는, 그리고 보이지 않는 도시의 색채

미세움 아름다운 도시만들기 시리즈 5

경관색채계획의 이론과 실천

보이는, 그리고 보이지 않는 도시의 색채

이 석 현 지음

경관색채계획의 이론과 실천

2008년 12월 25일 1판 1쇄 인쇄
2008년 12월 30일 1판 1쇄 발행

지은이 이 석 현
펴낸이 강 찬 석
펴낸곳 도서출판 **미세움**
주 소 150-838 서울시 영등포구 신길동 194-70
전 화 02)844-0855 팩 스 02)703-7508
등 록 제313-2007-000133호

ISBN 978-89-85493-31-4   03540

정가 15,000원
잘못된 책은 바꾸어 드립니다.

미세움 아름다운 도시만들기 시리즈 5

경관색채계획의
이론과 실천

보이는, 그리고 보이지 않는
도시의 색채

이 석 현 지음

美세움

Color Imageability

도시의 색채이미지는 10%의 보이는 색채와
90%의 보이지 않는 색채가 만든다.

.

.

그리고

.

.

자연의 본성에 충실한 도시를 만든다.

들어가며

모든 도시에는 저마다의 이름이 있다. 그리고 그 이름과 함께 도시의 이미지가 존재한다. 도시의 이미지는 복잡할 수도, 단순할 수도, 깨끗할 수도, 지저분할 수도 있다. 또 세련되어 보이거나 촌스럽지만 다정다감하게 느껴질 수도 있다. 그러한 도시의 이미지는 역사와 문화, 자연, 건축, 사람들의 삶이 만들어내는 작은 일상풍경의 집적이며 그 속에는 또한 저마다의 색채를 가지고 있다. 그러한 경관의 색채이미지는 자연이 아름다운 도시, 건축물의 색채와 소재가 조화로운 도시, 인상적인 랜드마크가 있는 도시, 오랜 역사의 향기가 느껴지는 도시, 복잡하고 현란한 풍경의 도시 등, 한 가지 색으로 정의할 수 없는 다양한 색채요소들이 모이고 어우러져 만들어 진다.

흔히 도시색채를 계획한다고 하면 특정한 색으로 통일된 도시이미지를 만드는 것이라고 생각하기 쉽다. 하지만 도시의 색은 그것만이 가지고 있는 이미지와 향기를 전달하는 그 도시의 얼굴이 된다. 도시의 색과 이미지는 우리 눈에 보이는 것보다 보이지 않고 몸으로 느끼는 것이 더 많으며, 언어로 표현할 수 없는 다양한 느낌들이 모여 시각적인 이미지로 나타나는 것이다. 따라서 경관의 색채계획은 일차적인 색채디자인작업 이외에도, 지역과 공간이 가진 문화와 풍경의 색을 만들어 내는 것이 필요하다. 이 책을 저술하게 된 경위도 바로 이러한 경관색채계획과 디자인에 있어 요구되는 방법과 관점을 제공하고자 하는 데 있다.

아름다운 도시의 색채를 만드는 것은 한 그루의 나무를 키우는 것과 같다. 나무에게 충분한 영양분을 주고 애정으로 아껴줄 때 싱그러운 잎새와 풍성한 열매를 맺듯, 도시의 색 역시 애정과 관심으로 키워나갈 때 매력있게 성장한다. 그리고 각 잎새의 색들이 어우러져 대지 위에 거대한 녹음을 만들 듯, 그 도시만의 다양한 색채가 어우러져 질서를 이루게 되면 그 도시는 생동감과 풍요로움을 가지게 된다. 도시의 색은 인공적인 건축물이나 시설물에만 있는 것이 아닌, 숲 속의 작은 오솔길과 새들이 날아다니는 하늘, 시끌벅쩍거리는 뒷골목의 주점에도 있으며, 오래되어 풍미를 더해가는 돌담 등 주변의 모든 풍경 속에 있다. 그러나 아름다운 도시의 색채를 만들기 위해서는 가지치기 역시 필요하다. 이것은 필요한 곳에 영양분이 제대로 가도록 하여 푸른 잎새와 싱그런 열매를 맺게 한다. 그리고 도시색채라는 열매를 풍성하게 하는 것은 그 도시에 살고 있는 사람들의 관심과 그 도시를 이루는 문화, 역사, 정서 등의 상호관계다. 이것들은 그 도시와 지역에 대한 애정을 기반으로 이뤄지며 이것이 매력적인 도시의 색채를 만드는 가장 중요한 키워드다.

대지는 색의 모태다. 색은 빛이 대지의 생명력으로 순환되어 나타나는 현상이다. 대지에 얼마나 깊이 뿌리내리고 있는가는 색의 조화와도 관련된다. 지금과 같이 도시화가 급격히 진행되고 있는 순간에도 도시美의 존재가치는 자연, 사람, 역사, 문화와 얼마나 어우러져 있는가와 깊이 관련되어 있다. 따라서 지역의 풍토와 사람, 문화에 도시의 색채가 얼마나 밀착해 있는가는 그 도시디자인의 질적 수준을 가늠하는 잣대가 된다. 그 어떤 아름다움의 존재도 배경과 공간이 바뀌면 아름다움의 가치도 바뀌게 된다. 이것이 경관색채계획에 있어 그 지역의 자연환경과 그 삶 안에서 살아가고 있는 사람들의 역사와 문화, 정서를 고려해야 하는 중요한 이유다.

경관색채계획은 조화롭고 개성적인 도시를 만드는 가장 적절하고 효율적인 방법을 제공해 준다. 경관색채디자이너는 지역과 공간의 미묘한 색차이를 파악하고 좋은 배색을 만들 수 있는 경험과 미적 감각, 전체와 세부의 구조를 이해하기 위해 도시디자인과 관련된 분야에 대한 지식이 요구된다. 그리고 다양한 사람들에게 미래의 상을 제시할 수 있는 도시와 지역을 이해하는 관점, 즉 철학을 필요로 한다. 지나치게 공학적이거나, 미학적이어서도 안 되며 이 두 분야를 알맞게 조율해야 한다.

그러나 국내에서는 아직 경관색채계획 분야에서 도시경관의 관계성과 공간이 가진 정체성보다는 디자이너 개인의 미적감성에 의존해야 하는 경우가 많다. 이것은 학문적인 발전은 물론, 실제 계획에서도 지역의 개성과 조화성보다는 개인의 감수성과 취향을 우선시하게 되는 위험을 내포하고 있다. 이러한 문제 역시, 경관색채에 대한 바른 관점을 가진 전문가의 양성과 함께, 도시의 주인공을 계획에 참여시켜 의식의 성장을 도모해 나갈 때 극복될 것이다. 또한 이러한 실천 속에서 성과내용을 학문적으로 정리해 나가고, 새로운 지역과 장소에 적합한 색채계획을 진행해 나갈 때 우리의 도시경관에 맞는 색채의 방향성은 서서히 자리를 잡아갈 수 있을 것으로 여겨진다.

이 책은 이러한 요구를 바탕으로, 다양한 장소에서 경관색채계획과 디자인을 전개해 나가는 데 있어 필요한 관점 및 사례, 기본적인 이론을 중심으로 서술했다. 물론, 이 안에 담고 있는 내용 역시 경관색채 계획의 일부분에 불과하나, 좀더 다양하고 폭넓은 논의를 위한 촉매제 정도의 역할에 그 의미를 부여하고자 한다. 책의 전반적인 구성은 경관색채전문가를 위한 기본적인 서적이 많이 없는 현실을 고려하여, 가급적 이론적·실천적 도움을 얻고자 하는 활동가와 학생들을 위한 내용을 중심으로 구성했으나, 일반인들의 이해를 돕기 위한 실천사례도 추가했다. 개인적인 한계로 인해 책 내용이 다소 편중된 면도 있겠지만, 도시공간을 매력적이고, 조화롭게 창조하고자 하는 색채디자이너들, 자신들의 삶의 공간을 색채를 통해 새롭게 재생시키고자 하는 지역민들, 또 도시의 색채에 많은 관심을 가진 분들에게 작으나마 도움이 되리라 생각한다. 그리고 그들이 푸르른 나무처럼 사람들을 위한 인간다운 도시를 만드는 일에 색채라는 연장으로 같이 일할 수 있는 동반자가 되었으면 한다.

2008년 11월
이 석 현

차 례

들어가며   6

1부 _ 경관색채계획의 이해   13

01 정의, 전개와 관점   14
1. 경관색채계획의 전개   14
2. 경관색채계획의 키워드 1 – 조화   24
3. 경관색채계획의 키워드 2 – 자연   32
4. 경관색채계획의 키워드 3 – 개성   36
5. 경관색채계획의 키워드 4 – 전통과 역사   44
6. 경관색채계획의 키워드 5 – 문화   52
7. 경관색채계획의 키워드 6 – 도시디자인의 철학   56
8. 경관색채계획의 새로운 가능성   60

02 경관색채계획의 방법   64
1. 경관색채계획의 방법론 – 경관색채의 조화이론   64
2. 경관색채의 관계요인   69
3. 경관색채의 기본구성   71
4. 경관색채의 조화와 도시의 문화   72
5. 경관과 색채의 관계성 – 지역성   74
6. 현대도시에 있어 경관색채와 지역성 – 참여와 기준의 부재   80

7. 대안 – 기준의 정비와 다양한 소도구   82

03 경관색채계획의 구성   84
    1. 경관색채계획 방법론 – 경관색채의 주요구성   84
    2. 경관색채계획 방법론 – 개성의 요소   102

04 경관색채계획의 관점과 진행   112
    1. 경관색채계획의 관점   114
    2. 경관색채의 자원파악과 분석방법   120
    3. 경관특성의 분석방법   124
    4. 경관색채계획의 전개방법   130
    5. 경관색채의 정리와 배색방법   134
    6. 색채디자인의 전개방법   140
    7. 경관색채의식의 공유   144
    8. 경관색채계획의 개성화 방침   153

2부 _ 경관색채계획의 실천   161

Landscape Color Design
색채를 통한 지역경관 개선   162

Landscape Color Design
자연을 닮은 도시를 디자인한다   176

Landscape Color Design
전통을 살린 도시의 재생   190

Community Color Design + Space Color Design
색채를 통한 지역의 개성적인 공간창출   200

Community Color Design
색채를 통한 지역커뮤니티 디자인   210

Landscape Color Column
아름다운 도시의 색, 추한 도시의 색   218

Landscape Color Column
고층건물 외부색채의 흐름과 방향   230

마치며   239

참고문헌   242

경관색채계획의 이론과 실천
– 보이는, 그리고 보이지 않는 도시의 색채

01
경관색채계획의 이해

01 정의, 전개와 관점

1. 경관색채계획의 전개

　경관색채계획의 개념은 20세기 후반기, 정확히는 1970년대 중반에 미국과 유럽을 비롯한 서구의 도시에서 시작되었으며, 아시아에서는 1980년대 중반부터 일본을 중심으로 확산되었다고 할 수 있다. 그러나 도시에서 색채가 주목을 받으며 본격적으로 등장한 것은 1960년대 후반 미국과 유럽을 중심으로 진행된 슈퍼그래픽 운동의 영향이 크다. 그 당시는 인공안료의 전 세계적 확산으로 인해 공간에서 색이 가지는 효과에 대해 사람들이 눈을 뜨기 시작하였고, 회화작품이나 고급 상품, 특정 건축물에 한정되어 사용되던 색안료가 값싸고 손쉽게 대중화되기 시작하면서 색에 대한 환희가 넘쳐나던 시기였다. 컬러 TV가 등장하고 다양한 컬러의 플라스틱 용기가 폭넓게 사용되기 시작하며, 자동차와 가전제품에도 강한 컬러의 상품이 유행하기 시작한다. 사람들은 색의 화려함과 고급스러움을 축복으로 여겼고, 색채는 모더니즘이 가진 권위의 파괴, 대중소통의 유용한 수단이기도 했다. 이러한 경향은 도시경관에도 그 영향을 미쳐 중요 건축물만이 아닌 일반주택이나 상가건물 외벽도 도시의 캔버스가 되어 마치 확장된 미술작품처럼 다양한 색채의 실험무대가 되었다. 그 당시는 색채가 최근과 같이 도

보스톤 탱크의 그래픽, 캔트(Corita Kent), 1971.

리앙코르(lancourt) – 프랑스에서도 다양한 색채의 실험이 행해졌다(프랑스).

Rajasuta – 풍토에 맞춘 색채의 통일성은 채도의 고저에 상관없이 자연스러운 매력을 발산한다(인도).

시의 경관을 심각하게 훼손시킬 것이라는 우려에 대해 일부 전문가의 기우에 불과하다고 생각했을 것이다. 그때는 전쟁의 후유증을 딛고 고도산업화, 도시화로 치닫는 현대사회에 확장과 대량생산은 불가분의 요소였고, 색채는 이것을 표현하는 가장 효과적인 수단이었던 것이다. 폐허 속에서 화려하고 다양한 색상과 고채도의 색채로 눈에 띈다는 것은 사람들에게 차별화된 자기주장의 메시지를 전달하는 강한 매력을 가지고 있었고, 대중예술에서는 전위와 저항, 우월감의 수단이 되기도 했다.

사람들은 극에 달해 스스로를 억제할 수 있는 상황에 도달하기 전까지는 그 정화장치가 작동하지 않는 경우가 많다. 60~70년대의 도시 속에서 진행된 색채의 확산은 일부 건물과 거리요소에 한정되어 있었다면 그것은 화려할 수도 있고 거리의 랜드마크가 될 수도 있다. 그러나 모든 건물이 그러한 자극적인 요소가 되면 상황은 달라진다. 포화상태가 되면 억제할 수 없는 반발작용이 나오고 회귀에 대한 욕구가 나오는 역사적 교훈은 도시의 색채에서도 어김없이 나타난다. 색채만이 아닌 미국을 중심으로 진행된 대규모 도시개발과 확장의 후유증은 도시디자인을 인간중심의 자연과 전통을 존중하게 되는 질적 성장의 단계로 들어서게 한다. 도시개발에 있어서는 더욱 고도화된 디자인 기술이 요구되고, 거주민의 인간다운 삶과 생태, 환경문제가 본격적으로 대두된다. 도시디자인에 있어서도 절제와 품위에 대한 요구가 확산되고, 이를 위한 다양한 디자인 이론과 정책, 이념이 생산되기 시작한다. 도시디자인은 질서와 위계, 삶을 포함하는 방향으로 실험을 거듭하게 되는 것이다.

그러나 그 당시 국내의 상황은, 세계적인 경기호황과 베트남 전쟁을 기반으로 전쟁의 폐허를 딛고 기본적인 기초생활이 보장되는 삶기 좋은 도시환경을 만들고자 하는 시도가 정부주도로 나오기 시작했고, 새마을 운동으로 대변되는 대규모 거리정비 사업이 시작된다. 전통보다는 편리함을, 자연과의 조화보다는 더 많은 사람을 조직적으로 수용할 수 있는 공간구조를 가진 슬레이트 지붕과 콘크리트 벽으로 구획이 정비된 도시가 늘어나며, 서서히 획일화된 대도시를 형성해가기 시작한다. 반성은 어느 정도의 여유를 가질 때 나오는 법이다. 그 이전까지는 자신들이 어떤 상태에 있는지도 모르며 설사 알게 되더라도 회피하게 된다. 도심 곳곳에서 서서히 전통적 흙색의 벽면이 사라지기 시작하고, 무채색의 회색아파트와 토지구획 정리사업으로 만들어진 저층주택들이 들어서게 된다. 세련된 외관은 찾아볼 수 없지만 건물의 외벽에 색을 칠할 수 있다는 그 자체만으로도 고급스러움을 나타낼 수 있는 시대였다.

일본은 1960년대 후반부터 특유의 기술력과 한국전쟁의 수혜를 입고 폐허에서 고도성장의 길로 접어들기 시작한다. 이와 함께 도시 곳곳에는 외벽에 강한 색채를 칠한 건축물이 등장하며, 심지어는 전통가옥의 기와지붕에도 웃지 못할 그림을 그려 넣는다. 산업의 발달은

전통가옥의 지붕에 그려진 슈퍼그래픽(일본 쿄토).

부와 함께 채색재료의 다양함을 가져오고, 다른 나라보다 섬나라의 기후적 조건으로 인해 저채도색을 선호하던 일본인들조차 색의 풍요로움에 대해서는 특유의 뛰어난 흡입력을 발휘한다. 도심상가에 있어 건물들 간의 색채의 어울림이란 고려할 대상이 아니었고, 그것은 대규모 개발과 색채의 화려함이 보여주는 우월감에 비하면 큰 매력을 가지지 못했다. 그리고 1970년 오사카 만국박람회를 기점으로 80년대 중반까지 마치 어린이 장난감에 색을 칠하듯 도시는 색채의 전시장이 된다.

1977년 퐁피두 센터에서 열린 장 필립 랑크로의 색채의 지리학전은 여러 가지 측면에서 사회적 반향을 일으킨다. 분명히 이전까지의 도시색채에 있어 자연이나 지역과의 조화는 고려해야 할 대상이 아니었다. 이러한 속에서 이 전시회는 도시에서 자신의 개성과 화려함, 주장을 표현하는 도구였던 색채에 자연환경과 지역성과의 조화라는 방향을 제시하고, 무분별하고 획일적인 도시색채에 대한 반성과 함께 도시가 가진 본 모습으로의 회귀라는 문제제기를 명확히 했다. 전통적 건축유산에 대한 긍지가 강한 유럽은 도시의 전통에 대한 긍지와 역사가 짧은 미국이나 서구문화에 힘없이 무너진 아시아의 거주문화에 비해 전통적인 도시풍경의 보전에 대한 욕구가 강했으며, 이것은 2차대전 후의 도시재건에 있어서도 큰 영향을 미쳤다. 랑크로의 색채의 지리학이라는 개념은 그 사회적 기반 위에 선, 어찌 보면 그렇게 새로울 것이 없어 보이지만 유럽이라는 다양한 자연환경과 역사환경 속에서 나올 수 있는 깊이 있는 반성과 성찰임이 분명하다. 특히, 일본은 이 영향을 깊이 받았다. 1970년대 후반, 일본은 경제성장과 함께 전통적 도시이미지를 벗어나고 싶어 했다. 미국의 선진 도시디자인 이론의 영향으로 인해 인간적이고 조화로운 도시환경을 추구하는 성

시에나 광장 – 공간의 위계와 색채의 통일성이 갖는 힘을 보여준다(이탈리아).

경관색채의 발전단계

단 계		내 용
1단계	자연색채의 시대 1950년대 이전	색안료의 한계, 소재를 중심으로 한 자연공간의 형성 • 중세 유럽의 도시, 아시아의 자연공간과 조화된 색채 • 대규모 거주문화의 확장, 거대도시(메트로 폴리스)의 출현
2단계	다양성의 시대 1960년대 중반	색안료의 발달, 모더니즘의 출현, 대중매체의 발달, 거주공간에 고채도색의 출현, 색채의 중요성 확대, 기술의 발달, 문화예술 사조의 다양성, 개인표현의 욕구 증대 케빈린치 – 도시의 이미지 출간(1960)
3단계	침채기 1960년대 중반	2차 오일쇼크로 인한 자본의 침체, 도시공간에 대한 반성, 환경디자인, 도시공간의 조화, 인간을 위한 도시이론 확산 장 필립 랑크로의 색채의 지리학전(1977)
4단계	대중화의 시대 1980년대	개성적인 도시이미지 구축. 환경과 인간에 대응하는 색채환경의 욕구 및 실험 상승 일본의 경관정비의 확산 – 시민의식의 성장
5단계	차분한 자연의 색채로 2000년대	혼란스런 색채공간에서 차분하고 자연에 순응하는 도시색채로의 전환. 인간의 문화, 역사, 특성을 반영하는 색채공간의 형성발달. 지나친 고채도색의 억제, 도심 전체를 고려한 색채환경 추구. 국내 경관정비의 활성화 시작

각 시대의 발전에 따라 경관색채에 대한 시대적 요구도 확산된다. 도시정비의 진행은 이러한 시대적 배경이 있으며, 시민의식이 향상된 결과다.

향이 촉발되고, 이와 함께 도시색채의 개선요구가 상승하는 시기였다. 물론 그 결정적 시발은 거품경제의 붕괴였다. 1980년대부터 일본은 지역성과 장소성을 배려한 도시이미지에 대한 연구가 늘어나며, 이론적으로도 미국과 다른 방향을 추구하고 있었고, 경제적 자신감을 바탕으로 도시의 경관문제를 극복하고자 했음이 분명하다. 「색채의 지리학」의 개념은 이러한 사회적 조건과 맞물려, 색채지리학이 안착된 유럽보다 일본 내에서 더 급격히 확산되고, 1990년대에 들어오면서는 개성적이고 자연친화적인 도시색채를 만들어 내고자 하는 활동이 본격적으로 전개되기 시작한다. 그리고 최근 그 활동이 깊이를 더해가며 색채의 지역성과 개성은 그다지 특별한 것이 아닌 일상적인 것으로 서서히 자리를 잡고 있다. 지금 일본에서는 도심의 건물에 주변과 어울리지 않은 화려한 고채도색을 칠한다는 것은 많은 용기와 비난, 그리고 경제적 손실을 감안하지 않으면 힘들게 되었다.

    1990년대 후반, 정확히는 1995년 이후 서울의 구 도심부를 중심으로 많은 거리벽화가 등장하게 된다. 물론 부분적으로 대중예술운동의 일환으로 전개된 걸개그림이나 거리벽화가 있었지만, 공공공간인 역사驛舍 벽면이나 옹벽, 가로 펜스 등에 벽화를 그리는 일은 드물었다. 한국의 대표적 거주형태인 아파트의 외벽에도 90년대에 들어 화려한 그래픽과 건축사 상호가 외벽을 장식하기 시작했고, 휴지통, 간판, 개인주택 등 많은 건축물과 외부시설물에서 색채의 환희를 노래하기 시작했다. 도시구역의 체계적인 계획이나 가로공간의 질서는 찾기 힘들었고, 지역의 전통은 사라지고 거추장스러운 존재였으며, 색채는 그 선두에 서 있었다. 물론 도심만이 아닌 농촌과 도심 외곽에도 값싼 외장재가 지붕과 외벽을 뒤덮기 시작했다. 그리고 2000년대에 들어와서는 도시경관, 공공디자인 등에 대한 반성과 고찰을 통해, 질적 향상을

사하라의 아름다운 정경 - 이런 수려한 전통적인 환경이 남아있는 도시의 경우 대부분 버블시기 도시개조의 영향을 피해간 도시가 많다.

카와고에의 거리풍경 - 카와고에도 마찬가지로 경제부흥기에 지역의 개성을 시민중심으로 지켜 지금의 도시로 키워냈다.

요코하마 모토마치 - 상가협의회의 행정, 전문가의 노력으로 지역의 대표적 재래상가로 각광받게 되었다.

이루고자 하는 다양한 활동들이 행정을 중심으로 전개되기 시작한다. 자기 주장만 하던 도시의 색채도 조금씩 정돈되어 가고 있고 지나친 개성보다 주변과의 조화를 중요시하게 여기는 사회적 환경이 조성되어가고 있다.

도시의 경관색채는 그 구성원의 도시에 대한 애착과 질적 수준을 나타내는 척도기도 하다. 20세기 후반 이후에 전개된 대략적인 경관색채의 전개과정을 통해 알 수 있듯이, 도시의 색채를 유행의 한 요소로 생각하기에는 구성원들의 삶에 미치는 그 영향력이 너무나 크다.

도시의 색채는 항상 존재해 왔다. 오래 전에는 자연과 친숙한 소재였으며, 현대에 들어와서는 개별적 주장이 강하고 복잡하기도 하지만 다양한 것 역시 색채며, 외양의 다양함에도 불구하고 그 안에는 그 구성원들의 정체성이 반영된다. 그리고 도시의 색채는 변화한다. 20세기의 산업화라는 거대한 물결 속에 진행되었던 다양한 색채에 대한 실험과 환희는 이제 자연과 조화된 온화한 색채로 흘러가고 있다. 이것은 원하든 원하지 않든 역사의 흐름이며 환경 속의 안정을 추구하는 사람의 눈이 요구하는 메커니즘이 작용된 결과다. 눈은 한쪽에서 강한 색채자극을 받으면 다른 한쪽에 안정감을 요구하는 그 반대색채를 심리적으로 만들어 내는 속성을 가지고 있다. 그리고 자신이 태어나고 자란 풍토에 적합한 환경의 조성을 위해 심리적 안정감을 가져올 수 있는 색채환경을 지속적으로 요구한다. 물론 가끔은 다양하고 즐거운 환경의 존재도 중요하다. 다양성이 존재하면서도 자연적인 색의 질서를 지키는 도시디자인의 색채야말로 도시경관색채가 지향하는 것이다.

환경색채의 발전단계

단계		진전 내용
1단계	문제인식	주변색채환경의 혼란 개인주거환경의 색채환경에 대한 관심고조
2단계	성장 – 혼란	상가 및 기업, 매체의 확대 간판의 대규모 확산 – 정비의 필요성 제기
3단계	대규모 정비	지자체별로 대규모 정비의 실시 개성보다는 집단적 색채의 연속성을 추구
4단계	개성화	건물, 장소, 지역의 개성 반영 색채를 지역활성화 수단으로 활용
5단계	공생문화화	경제적·사회적 측면에서 공생을 추구

모든 도시는 이러한 발전단계를 거쳐 시행착오의 결과 위에 수준 높은 도시로 성장한다. 우리의 현 단계는 대규모 정비단계로 깨끗함을 추구하는 방향으로 도시환경정비 및 색채계획이 진행되고 있으나, 향후 서구의 도시와 같은 개성화와 공생, 문화화로 진행될 것이다. 그러나 원형이 파괴되면 이러한 가능성도 축소될 수밖에 없다.

파리시청 앞의 거리풍경 – 현대적 풍경과 전통적 풍경의 차이는 관점에 따라 크게 다르지 않다. 도시의 색은 삶의 방식이다(프랑스).

2. 경관색채계획의 키워드 1 - 조화

하나의 요소만으로 존재하는 도시경관색채란 없다. 도시의 색채이 미지는 도시의 무수한 요소에 대한 인간의 종합적인 반응이다. 그 반응은 물리적인 색요소가 분산되는 양과 일치한다. 우리가 일상적으로 접하는 시각은 아주 짧은 순간에 변화하는 빛이 시신경을 통해 뇌파로 전달되는 신호다. 이 신호가 모여 정보가 되고, 사람은 그 정보량에 반응하여 색채와 공간을 인식한다. 이것은 인간과 외부세계가 만나는 교감이다. 인간이 살아 있는 것과 마찬가지로 그 공간 역시 살아움직인다고 볼 수 있다.

조화는 공감이다. 그리고 색채는 다양한 사람들의 의식 속에서 공감의 접점이기도 하고 타협점이기도 하다. 내가 느끼고 남이 느끼는 공통의 신호다. 순식간에 변하는 많은 인지정보량 중에서 공감을 느낀다는 것은, 다른 환경에서 태어난 사람이 비슷한 신체구조를 가지고 있는 것만큼이나 신비로운 일이다. 그래서 이 신비의 영역에 대해 수많은 학자와 실험가들이 집요하게 그 원리를 파악하기 위해 노력해 왔다. 뉴튼이나 괴테, 오스트발트를 비롯하여 색채조화의 원리를 주창한 대부분의 학자들이 위대한 음악가거나 음악애호가였던 사실은 전혀 이상할 것이 없다. 그들에게 있어서는 다양한 리듬을 통해 사람에게 공감을 불러일으키는 화음체계를 형성해 나가는 음악과 같이, 색채에서의 조화 역시 이러한 규칙을 시각적으로 적용한 것에 다름 아니었다. 그리고 이러한 색채조화론이 2차원의 평면에 있어서 많은 성과를 거두어 왔음은 현재의 디자인에서 보여지는 색채의 수준을 보면 이해할 수 있을 것이다.

하지만 이것이 3차원이란 입체적 공간조건으로 들어오면 문제가

오오우치지쿠의 거리 – 자연환경과 조화된 색채의 조성은 이렇게 아름다운 거리를 만들어낸다(일본).

달라진다. 매일 같이 변하는 태양광의 변화, 기후와 온도, 습도, 그에 반응하는 식생생태계과 인간의 움직임 등, 규칙적으로 명확히 규정할 수 없는 현상들이 자주 발생하는 것이다. 정서와 경험으로 이 명제를 규정하고 넘어가려 하지만 많은 실험의 경우 합리성이란 벽에 부딪치고 만다. 그 속에서 발달된 것이 색채심리학의 공간적용이다. 길러진 문화와 학습을 통해, 또는 자연현상과 사회성에 의해 만들어진 경험에 따른 '색채의 차이'라는 변수를 두는 것이다. 색채조화론을 주창한 사람들 대부분이 이러한 3차원 공간의 변수를 평면적인 규정으로 해석하려고 했기 때문에 난관에 봉착한 것이라 여겨진다. 그러므로 한점과 한점을 연결하는 직선은 하나다라고 유클리트가 정의한 것이 다양한 변수를 가지게 되었듯이, 공간이 가진 색채특징에 따라 색채조화의 의미는 달라질 수밖에 없다.

여기서 경관에서의 색채조화는 '어떤 지역의 연속적인 구성요소의 복수의 색채와 그것과의 시각적 연계와의 사이에 존재하는 친화력을 가진 배색에 의해 쾌적함을 가져오는 색채적 질서'라고 정의할 수 있다.

이 의미에는 몇 가지 규정이 내포되어 있다. 하나는 지역 내지는 장소가 규정되어 있다는 것이고개별성, 장소성, 또 하나는 복수의 색채라는 것관계성, 마지막으로는 친화력에 의한 쾌적함어메니티이라는 것이다. 이 세 가지는 모든 변수를 포함할 수 있으며, 색채조화를 모든 것에 동일하게 적용할 수 없다는 말이다. 환경에서의 색채조화에 있어서는 기본적으로 모든 조건을 만족시키는 일률적인 공감이라는 것은 존재하기 힘들다는 것을 의미한다. 질서의 개념 역시 마찬가지다. 나에게 질서가 남에게는 단순함이나 무질서일 수 있는 것이다. 정확히 도시가 색채의 조화를 요구하는 것이 아니라 도시 속에서 살아 숨쉬는 인간이 색채의 조화를 요구하는 것이다. 종교적 불문율과 같이 색채에서

01 정의, 전개와 관점 27

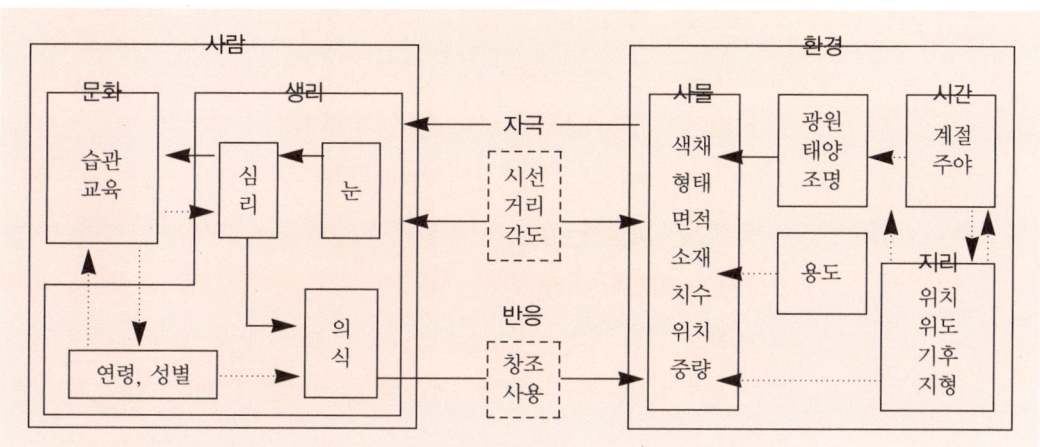

인간과 환경, 색채의 관계

잘츠부르크의 풍경 – 색채의 질서는 건축양식과 도시체계에 대한 오랜 전통에서 만들어진다. 그것이 도시색채의 문화가 된다(오스트리아).

조화를 추구해야만 하는 것은 시각적 안정감이라는 심리적 요구와 미적 우월감을 나타내고자 하는 의식의 요구 탓일 것이다. 중요한 것은 이것이 다수의 공감을 얻어낼 때 이 정의는 성립된다.

이 문제에 대해 본인은 일본인 피험자 60명을 대상으로 외부공간에서 색채조화를 느끼는 차이에 대한 재미있는 실험을 행했다. 이 조사에서는 개개인이 선호하는 특정한 공간을 연상하도록 하고, 40개의 형용사 군을 제시해 그 안에서 색채조화와 연관성이 높다고 생각하는 정도를 7단계로 나누어 점으로 표시하도록 했다. 그리고 그 결과에서 얻어진 이미지를 형용사로, 다양한 도시풍경 15곳에 대한 '조화로운 색채를 가진 풍경'의 정도를 다시 조사했다. 그 결과, 같은 학년이라는 점 이외에 다른 공간, 다른 환경조건에서 성장했음에도 60명의 대답은 매우 유사함을 보였다. 그리고 이번에는 조사를 독일에서 실시한 결과, 일본에서의 조사결과와 그 차이가 크다고 볼 수는 없었다. 이들은 공간의 색채를 보면서 조화성을 느낀 것일까, 아니면 그 화상과 평가척도인 형용사의 관계를 본 것일까. 왜 다른 환경조건을 가지고 있음에도 이들에게는 놀라울 정도의 색채조화와 질서에 대한 공감이 형성되어 있는 것일까. 이 문제를 경관색채에 대한 몇 가지 키워드를 통해 정리해 보면 다음과 같다.

1) 색채조화는 문화와 조건의 문제다

색을 조합하면 조화로운 색과 조화롭지 않은 색이 있다. 이것이 일상경험의 반복이라는 축적된 경험을 통해 사람에게 익숙해져 가는 것이다. 그러나 이 모든 것은 살고 있는 환경조건에 따라, 축적된 기준에 따라 다르다. 서구에서 적용되는 외부환경의 색채조화의 기준이 우리 환경과는 맞지 않는 것도 그러한 경우다. 이것은 조화를 대하는 사고와 관념의 차이에서도 생기는 문제로, 외국의 경우 음악과 수학적 사고처럼 색채에서의 조화라는 개념에서도 적극적인 의지가 반영된 것에 비해, 아시아적인 사고구조는 좀더 자연에 적응하며 친화되는 정서적 사고를 가지고 있다. 그러나 우리의 의식구조 속에도 도시의 색채에서 조화를 추구하고자 하는 관념이 오래 전부터 자리잡고 있었으나, 근대화의 과정에서 그러한 문화가 상실되어 왔음은 부정할 수 없다. 경관에서 색채의 조화는 공간과 문화의 조건 속에서 시대가 요구하는 맥락을 찾아들어가는 것이다.

2) 사람이 생각하는 범위는 크게 다르지 아니하다

조화는 공감이다. 위에서 설명한 실험의 분석결과, 공간에서의 색채조화는 '쾌적함', '활기', '질서', '개성' 이라는 대표적인 단어로 정리되었다. 지역과 문화, 자연환경에 따라 사람들은 각기 다른 시각인지 구조를 가지게 되고 도시색채에 대한 심리적 경험의 축적도 조금씩 다르다. 이것은 타의에 의한 것이라기보다, 혹독한 외부환경에서 살아나가기 위한 적응의 결과라고 볼 수 있다. 그러면서도 그 미적 욕구는 항상 질서를 추구하게 되고, 심리적으로 시각적 안정감이라는 방향으로 흐르게 된다. 그것이 사회적 공감대를 형성시키고, 오랜 시간 속에서 도시의 물리적 요소에 적용되면 그 경관의 색채이미지로 형성된다.

3) 조화는 이상향이며 통일 속의 변화다

조화는 만족이기도 하며, 이상향이기도 하다. 시대에 따라 다를 수도 있다. 도시디자인에서 색채조화가 거론된 본격적인 시기는 20세기 후반, 도시가 문명의 발달로 파괴되고 혼란스럽게 되는 과정에서 전개되었다. 이것은 자연회귀에 대한 강한 욕구이기도 하며, 자연과 도시와의, 도시와 사람과의 흐름을 찾고자 하는 것이기도 하다. 그러기에 지금도 진행형이며 앞으로도 변할 수밖에 없다. 그러나 그 속에서도 분명한 것은 질서라는 통일감을 요구한다는 것_{질서는 개념 역시 다양하며 정도의 차는 있다}과 적절한 변화가 필요하다는 점이다.

고개를 들어 주변으로 시선을 돌려 보자. 우리는 하루하루 무수한 정보와 시간의 흐름, 셀 수 없는 다양한 색채언어를 접하고 있다. 그것에 만족한다면 그곳은 조화로운 환경이다. 그러나 그것은 혼자서 결정하는 문제가 아니다. 도시에 있다면 도시의 구성원들의 합일로 정해지는 약속이며 바람인 것이다. 그리고 조화롭다고 생각하는 도시를 가 보든가, 아니면 상상해보자. 무엇이 다른가. 그 공간에서 느껴지는 색채의 공통된 특징이 무엇인지.

도시경관은 다양한 색채요소들의 집합체다. 그 안에는 인간만이 아닌 건축물과 수목과 꽃들이 있으며, 자동차가 있고, 벤치가 있으며, 화단이 있고, 시계탑이 있으며, 휴지통도 드문드문 보인다. 도시에 따라서는 사원이 보이기도 하며, 끝없는 바다가 보이기도 하고, 배나 우거진 수풀이 보이기도 한다. 이러한 다양한 색채의 변화 속에서도 인간은 항상 조화를 추구한다. 그것은 외계의 현상일 뿐이고 중요한 것은 인간의 감성이 그것을 느낀다는 사실이다. 색채는 외부 광원변화에 대한 생리·심리학적 반응이며, 사람과 외계를 연결시키는 시각적 매개체일 뿐이다. 그리고 그것은 문화와 형태, 크기, 거리, 기후 등의 조건에 따라 다르기는 하지만 질서와 쾌적함을 요구함에 있어서는 다르지 않다. 색채는 '현상'이자 '의식'이고 사실 의식이 더 큰 영향을 미친다. '조화는 질서와 동등하다'는 오스트발트의 정의처럼 도시에 있어서도 '경관색채의 조화는 도시의 질서와 동등하다'고 할 수 있지 않을까.

서울시내의 거리풍경 - 일상 속에서 수많은 색채정보를 무의식적으로 접하고 있다.

스트라스부르의 수변(프랑스).

3. 경관색채계획의 키워드 2 - 자연

아름다운 도시의 색채는 자연과의 관계를 존중한다. 도시가 아름답다고 느끼는 감정은 개인에 따라 차이는 있지만, 대다수가 인정하는 공통분모를 가지고 있다. 그 중 하나가 풍토나 자연환경과 동화되어 그 일부로 움직인다는 점이다. 유럽의 많은 도시풍경이 사람들로부터 감탄사를 자아내는 것은 단순히 세련된 거리와 건축물의 형태 때문만이 아니다. 그 건축물의 형태와 색채가 주변환경과 관계성을 가지고 자연스럽게 친화되어 있으며, 연속성을 가지고 있기 때문이다. 그 환경요소는 자연일 수도 있고 건축물일 수도 있으며 소재라고도 할 수 있다. 오래 전부터 세상에 이름을 떨친 건축가들에게는 선과 형, 색채에서 자연과의 조화를 최고의 미美라고 여기는 의식이 있었다.

아름다운 유럽의 거리를 걷다 보면, 건축물이 가진 색채의 푸근함에 항상 놀라움을 금치 못한다. 강변에 늘어선 건축물은 차분하고 온화한 색조로 정리되어 있어 물살에 비치는 은은한 색채와 함께 풍경의 일부가 되어 있으며, 녹음이라도 우거진 계절이 되면 하늘의 햇살과 어우러져 화려함마저 감돈다. 자연의 시련을 이겨내기 위해 만들어진 건축물이건만 그 색채는 자연에 순응하며 대자연 앞에 겸손함을 드러낸다. 스웨덴과 노르웨이 같은 북유럽에서는 건축물에 강한 채도의 색채를 사용하는 경우도 있으나, 길고 추운 기후환경에 심리적 따스함을 전해주는 정도며 그 전체가 자연을 억누르진 않는다. 그러한 색채와 자연의 어울림은 도심 속에서도 다르지 않다. 전혀 다른 환경인 일본의 경우도 도심에서는 화려한 색채가 넘치는 곳도 많지만, 주택가나 전원으로 나가면 습기가 많은 그들의 환경에 맞는 저채도의 흙색이나 백색, 갈색이나 회색이 중심이 되어 있으며, 연속적인 건축물의 외벽은 은은한 파스텔 톤의 리듬감을 가지고 있다. 노출 콘크리트라는 소재가 일본을 중심으로 발달된 것은 습도가 높은 섬나라의 자연환경과 무관하지 않다. 오랜 동안 습기에 노출되면 심리적·시각적으로 부드럽고 차분한 색채에 대해 편안함을 느끼게 된다. 오키나와 같은 남부의 일부 도시에서는 고채도의 적색이 많이 사용되고 있으나, 그것은 아열대 기후인 오키나와의 쾌청한 하늘과 어울리는 예외적인 경우다.

스이무라의 고리노보리 축제의 풍경 – 자연에 새로운 색의 의미를 부여한다. 일시적이기에 아름답다 (일본).

그러한 자연의 흐름과 어울리는 도시에서는 걷는 것만으로도 눈이 즐거워지며, 그 속에 묻어난 사람들의 흔적과 숨소리는 또 하나의 색채리듬이 되어 울린다. 이렇게 주변 자연환경과 부합되는 색채를 가진 도시는 그 자체가 아름답고 즐거움을 준다.

비단 외국만이 아닌 우리의 전통적인 건축수법도 자연과의 어울림을 추구해 왔다. 높게 지을 수 있는 기술이 있더라도 자연과의 선적 흐름을 중시하여 그 높이를 함부로 올리지 않았으며, 색채는 자연 속에 자연스럽게 녹아드는 소재를 이용하여 그 일부분으로 존재하게 했다. 지붕의 형태는 민족의 성향을 나타낸다. 중국건축물의 지붕이 화려한 선과 색채를 사용하여 거만함과 세상의 중심임을 나타냈다면, 우리 선조들은 지붕의 선을 다소곳이 올려 더도 덜도 아닌 중용의 미덕을 표현했다. 일본 건축물의 지붕이 고개를 숙이며 철저하게 겸손을 강조했다면, 우리는 우리만의 자연환경에 적합한 기풍을 표현한 것이다. 때로는 사원이나 사당, 궁궐 등에서 화려한 색을 적용한 곳도 있었으나 상징성과 종교적 중심역할을 하는 곳에만 한정되었다. 그것을 통해 도시에서의 상징적인 역할을 세우고, 위계와 질서를 자연스럽게 살릴 수 있다.

그러나 서구의 도시전통을 이어받은 도시들이 그 흐름을 유지하고 있는 것에 비해 최근 우리의 도시색채는 아름다운 자연과의 조화미를 잃어버린 곳이 늘어나고 있다. 국적불명의 건축물들이 거리를 점령하고, 경쟁하듯 화려함을 발산하는 간판과 네온 등의 색채 속에서 건물들은 서로 색채의 조화로움을 잃고 있다. 그나마 체계적으로 계획된 대규모 주택단지의 색채 역시, 브랜드성이 강조되고 정체 모를 현대적 획일성만이 강조되어 있다. 전통 건축물이 가진 자연과의 조화는 점차 훼손되고 상실되어 가고 있으며, 비단 도시만이 아닌 농,

남대문과 같은 역사적 경관거점의 주변 색채환경을 정비하는 것이 경관색채계획의 기본이다.

창경궁 – 지붕의 선과 단청의 화사함이 주변 자연과 조화로운 풍경을 만든다. 주변 자연과 어울리는 우리 문화만이 가진 독특한 감성의 표현이다.

어촌 마을에 가더라도 그 현상은 크게 다르지 않다. 건물의 색채는 그 주장이 너무 강하며, 자연은 단지 경치가 좋은 건축물을 짓기 위한 터전으로의 역할만 하고 있다. 누구나 생활공간과 어우러진 풍요로운 자연환경을 원하지만, 자신이 사는 공간은 다른 곳과 뭔가 달라야 한다는 생각이 지배된 공간 속에서 질서를 기대하는 것은 무리일 수 있다. 또한 쉽게 건물을 짓고 쉽게 허무는 환경 속에서 자연과 조화된 색채가 나오는 것 역시 기대하기 힘들며 도시에 대한 애착이 생길리 만무하다.

자연은 항상 변화한다. 오늘 보는 자연의 색이 다르고 내일 보는 자연의 색이 다르다. 바위의 색도 오랜 시간이 흐르면 이끼가 끼기도 하고 색이 바래지기도 한다. 그 속에서 흔히 맛이라고 하는 풍미가 우러나오게 된다. 나무는 나이가 들수록 그 깊이가 느껴지며 겨울에는 짙은 갈색을 품고 있다가도 봄이 오면 그 싹을 피우며 한여름에는 화려한 녹색으로 우거진다. 도시 역시 자연의 일부다. 도시의 색채는 이러한 자연의 변화에 어울리도록 부드러우며 온화하게 계획되어야 하고 화려함을 가지는 곳은 일부분이어야 한다. 자연의 색채는 항상은 경관색채의 기준인 것이다.

4. 경관색채계획의 키워드 3 – 개성

길을 걷다가 우연히 부딪치는 조형물의 강렬한 색채를 만난다. 자연스럽게 만져보고 싶고 그 앞에 서서 사진을 찍고 싶어진다. 골목을 돌아서 개울가 옆을 지나가다 보면 그 도시의 명물인 교량을 만나게 된다. 그 위에서는 사람들이 항상 붐비고 자신들만의 추억을 만들어 간다. 편안하게 늘어선 가로수 옆 주택가의 색채는 서로간에 미묘한

카와고에 오카시요코쵸 – 전통적인 거리에 추억의 과자를 파는 독특한 거리를 재현했다. 차분한 거리에 이러한 아기자기한 골목의 요소는 도시를 더욱 매력있게 만든다(일본).

변화가 있어도 서로가 서로를 억누르는 일은 없다. 그 앞에는 항상 향취가 풍겨 나오고 녹색의 변화에 민감하게 반응한다. 중심가로 나가면 중심에 우뚝 선 강렬한 색채의 상징물이 있다. 이것은 그 도시의 상징이다. 최근에 만들어진 상가의 화려함 역시 건축물보다는 차양과 쇼 윈도우의 배열과 상품의 색채다. 그 도시에 오면 항상 그 도시만의 독특한 색채美에 시간가는 줄 모른다. 이것은 상상이자 현실이다.

어디서나 개성을 이야기한다. 자신만의 자기들만의 독특한 개성. 그러나 이 개성의 기준은 너무나 다양해서 어디서부터 이야기해야 할지 막막하다. 도시에서 색채의 개성은 어디에서 오는 것인가. 도시가 개성적일 필요가 있을까.

아름다운 도시에서는 애착이 느껴진다. 애착은 삶에서 우러나오는 것이고 '긍지'기도 하다. 긍지는 차별성이자 생활의 방식이기도 하다. 애착을 가진 사람들이 없는 도시가 제아무리 많은 돈을 투자한다고 한들 아름다운 도시가 될 수가 없고, 설사 되더라도 일상적인 생활의 美와는 거리가 먼 비일상의 공간이 될 것이다. 그 도시의 애착을 불러 일으키는 동기가 바로 개성이다. 개성에는 몇 가지 요소가 있어야 한다. 하나는 역사고, 또 하나는 삶과의 동화며, 다른 하나는 질서다. 그것들이 모였을 때 사람들 속에서는 자연스럽게 지켜나가고자 하는, 그리고 무엇인가 새롭게 꾸미고자 하는 동기가 생긴다. 외면의 美만으로 개성을 만들려고 할 때는 외지인에게는 신비로움을 주는 테마파크가 될지는 몰라도, 생활의 깊이가 우러난 냄새는 나지 않는다. 색채는 맛이자 냄새다. 인공적인 거리풍경과 건축물, 시설 등은 거리색채의 중심이지만, 그 도시의 자연이 가지고 있는 풍요로운 색채도 있으며, 그 도시를 구성하며 살아가는 사람과 그 사람들 사이에 축적된 풍습, 문화 역시도 경관의 색채를 구성하는 일부다. 사람은 그 도시

파레타치가와의 거리예술 – 딱딱한 공간에 풍요로움을 전해준다(일본).

안에서 살아 움직이고 느껴지는 다양한 색채를 도시의 색채이미지로 받아들이는 것이다.

그러한 도시색채의 개성을 구성하는 중심은 '리듬'이다. 리듬은 반복되기도 하고 끊어지다가도 이어지며, 길기도, 짧기도 하다. 높이 오르다가도 내려가고, 세다가도 약해지곤 하나, 그 전체는 큰 흐름을 구성한다. 개성적인 도시는 이러한 적절한 리듬을 통해 이루어진다. 길게 이어지는 낮은 주조색의 흐름이 있다가도 조금씩 튀어오르는 강조색이 있기도 하고, 색다른 흐름으로 변하다가도 다시 본래의 자리로 돌아간다. 적절하게 색이 변하며, 중간 톤의 주조색이 다시 길게 연결되어 그 거리를 찾아오는 이들에게 익숙함과 차분함을 주면서도 낯설음을 주기도 한다. 그 리듬의 변화 속에는 패턴과 그림, 정류장 등의 색이라는 작은 이야기가 있어 잠시 숨을 멈추고 오래 들여다봐도 싫증이 나지 않는, 그러한 것이 그 도시만이 가진 색채의 리듬이다.

'상징'은 색채의 개성을 가져다주는 강한 요소다. 그러나 상징은 상징으로 있을 때만 그 역할을 할 수 있으며, 그것이 너무 많아도 상징이 될 수 없다. 오랜 시계탑의 색채는 강하고 높더라도 권위를 지키고 있어, 도시의 이야기와 이미지를 대변한다. 상징 앞에서는 발걸음을 멈추고 잠시 숨을 죽여야 한다. 등을 기댈 수 있는 넉넉함이 있으면 더욱 좋다. 상징적인 도시의 색채는 보는이로 하여금 그 도시의 개성적 이미지를 느낄 수 있게 하기에 오랫동안 기억에 남는다.

'기억과 흔적'은 도시색채의 개성을 좌우하는 또 하나의 요소다. 도시는 도시마다 살아온 사람들의 역사가 있다. 그 역사는 길기도 하고 짧기도 하지만 그 공간에서 벌어진 무수한 과정이 물리적으로 남아 있다. 새로 만들어진 건물이 있으며, 없어진 것들, 변형되거나 공존하고 있는 것들, 또한 그 속에서 살아온 사람들의 문화가 있다. 그것은

01 정의, 전개와 관점 41

쿄토 - 목조주택의 미묘한 색변화가 수변의 풍경을 더욱 풍요롭게 한다(일본).

마사코의 도자기시장 - 도자기라는 지역 산업을 통해 지역에 활기를 가져오는 매력적인 공간이자 소통의 공간이 된다(일본).

그 도시만이 가지고 있는 독특함이며 비슷한 유형이 있을지라도 동일한 것은 없다. 그 도시가 형성되면서 필연적으로 시각적인 색채이미지를 그 도시 안에 남기며, 사람들은 눈을 통해 도시의 색을 인식하게 한다. 심지어 그 도시가 새로운 계획에 의해 만들어진 인공적인 것일지라도 사람의 생활이 시작되면 그 흔적도 시작된다. 색채는 사물에 대한 반응이자 느낌이다. 색채의 흔적은 소재로 표현되기도 하고, 양식으로 표현되기도 하지만, 다양하게 통합되어 도시의 이미지로 전해진다. 그 도시만의 흔적을 색채로 살린 도시는 다른 곳에서는 느낄 수 없는 색채를 가지게 되고, 그러한 자원을 잘 표현하게 되면 자연스럽게 개성을 지니게 된다. 다만 그것이 무엇인지 파악하는 것이 힘들 뿐이다.

'도시의 이야기'를 느낄 수 있는 공간은 매력적인 색채를 가지고 있다. 이것은 건축물과 시설물 등의 물리적 경관요소의 리듬보다는 정서적인 색채다. 이야기는 공간의 형성과정이 될 수도 있고, 민화가 될 수도 있다. 문화와 같은 정신적 색채경향이기도 하다. 도시공간에 흩어져 있는 다양한 이야기를 색채로 표현하게 되면 각 공간마다의 독특한 색채가 생겨나게 되고, 이것이 모여 물리적 색채에 반영되면 다른 곳에서는 볼 수 없는 독특한 색채가 된다. 요코하마시의 미나토미라이 21지구의 포트사이드에는 블루 그린과 테라코트색이 주조색이다. 이것은 포트사이드지구에 최초에 지어진 마이켈 그레이브스 설계의 초고층 주동의 외장색이며, 이를 적극 활용하여 도시 전체의 이미지를 만들어 갔다. 쿠라시키는 17세기 이후로 사용되기 시작한 흑색과 백색의 소재미를 전통적건조물군보존지구의 색채로 재활용하고 있다. 이 흰색은 페인트의 흰색과는 다르며 고치지역의 조개껍질을 태워 만든 회색빛을 띠는 것을 엷게 칠한 것이다. 검은색과 붉은색

마나즈루의 돌계단 - 어촌이라는 지역특성상 바다에서 생산된 지역의 석재를 이용하여 계단, 옹벽 등을 제작한다. 자연스럽게 지역풍토의 색이 묻어나게 된다(일본).

역시 기와와 벽돌의 소재색을 이용해 만들어 낸 색채로, 조금 지저분해져도 색의 맛을 더해 내는 지역의 개성을 반영한 색이다.

카와고에의 검은 외벽색은 화재를 많이 겪은 도시에서 불에 대한 두려움으로 인해 붉은색과 반대되는 풍수개념으로 검은색을 외벽에 반영한 결과다. 새롭게 만들어지는 도시에서 색채의 개성을 만들어 나가는 것은 쉬우면서도 어렵다. 새로이 만들어진 도시는 사람들의 활기와 공간의 다양성이 떨어지는 것과 함께, 흔적의 색채를 만든다는 것이 힘들기 때문이다.

최근 여러 도시에서 개성적인 도시만들기를 주요 시정목표로 삼고 있으며 조례나 가이드라인 등에 그 방향을 명시하고 있지만, 사람들의 활기와 도시역사와의 연계성을 고려하지 않고 길을 만들고, 화려한 건물을 짓고, 세련된 스트리트 퍼니처와 나무를 심는 것만으로 개성적인 도시색의 맛이 나오길 바란다면 그것은 잘못된 생각이다. 도시의 개성적 색채는 문화와 함께, 도시가 가진 삶의 색을 통해 만들어지고 그것들이 외부로 표출될 때만이 다른 도시에서는 느낄 수 없는 독특하고 매력적인 색 맛을 가질 수 있게 되기 때문이다.

5. 경관색채계획의 키워드 4 - 전통과 역사

아름답고 개성적인 도시는 그 도시만의 전통을 계승하고 있는 경우가 많다. 새로운 색채가 주는 즐거움도 물론 크지만 지역만이 가진 풍토와 문화 속에서 길러진 색채는 다른 곳에서 볼 수 없는 독특함을 가지게 한다. 19세기까지만 해도 도시의 건축물은 그 지역에서 자란 소재를 사용해 만들어 졌으며 자연공간과의 조화를 기본으로 거리의 분위기가 형성되었기에 자연스럽게 지역의 색채를 반영하고 있었다.

요코하마의 미나토미라이 21 - 전통의 도시 요코하마에 새로운 랜드마크로 자리잡고 있다(일본).

찰츠부르크의 도심풍경 - 역사와 문화가 녹아든 거리의 풍경은 주변 자연의 풍경과 자연스럽게 조화된다(오스트리아).

유럽의 많은 도시들이 그들만의 독특한 개성을 가지고 있는 것은, 첨단 건축물을 짓더라도 기본적으로 주변 건물들과의 연속적인 관계를 고려하고 있기 때문이며, 따라서 부분적인 상징색이 있어도 전체적인 그 지역의 색채조화가 훼손되지 않는다. 오랜 전통의 색채를 소중히 하기 때문이다.

파리의 라데팡스는 첨단건축물이 들어서고 다양한 색채의 시설물과 상징물이 들어서 있지만 파리가 가진 회색의 중후한 색채의 미를 도시축선상에서 유지하고 있기에 전체적인 파리의 분위기는 유지되고 매력을 상승시키는 효과를 준다. 그러한 전통을 기반으로 통일성을 만들고, 건축형식에서는 첨단기법을 적용하고 있기에 도시는 더욱 다양한 색채로 확장하게 된다. 포츠담 광장 주변의 재개발을 비롯한 베를린의 신수도 만들기에 있어서도 이 기본적인 관점을 유지하고 있다. 소니 빌딩과 DZ 뱅크 건물, GSW사 건물 등의 상징적인 랜드마크 건축물들이 줄지어 지어지고, 다양한 형식의 주거단지가 형성되고 있지만 그 색채의 연속성은 베를린이 가진 색채와 소재특성을 유지하고 있다. 이렇듯 오랜 전통을 유지해 온 유럽이지만 현대적 건축물과 소재의 출현이 기존의 전통적인 도시이미지에 혼란을 가져 오는 시기도 있었다.

그러나 전통의 기반 위에 현대성을 결합시켜 나가면서 그러한 과도기를 이겨내고 있다. 그것은 단지 미적인 이유라기보다는 오랫동안 그 공간에서 살아온 사람들에게 역사, 자연과 조화된 공간의 색채가 자신들에게는 최적의 환경이라는 기본인식이 바탕에 깔려 있기 때문일 것이다. 이러한 인식은 비단 유럽만이 아닌 도시의 전통을 이용해 거리의 색채를 정비해 나가고 있는 다른 많은 도시에서도 나타나고 있는 공통적인 것이며, 그 효과는 사람들의 풍요로운 삶과 개성적인

베를린의 도심거리 – 전통적인 도심의 색채가 정비된 곳에서는 화려한 조형물도 거리의 활력소가 된다 (독일).

거리형성이라는 성과로 나타나고 있다. 쿄토는 전통의상과 쿄후(京風)의 상징인 흰색을 이용해 도시의 색채를 정비한 대표적인 경우다. 쿄토의 편의점과 페스트푸드점의 간판은 다른 곳과 같지 않으며 쿄토의 상징인 흰색을 좀더 반영하고 있다. 다른 건물들의 간판도 이와 유사하게 쿄토의 색채분위기에 맞도록 지역색채의 면적을 크게 한다. 일본의 다른 전통적건조물군보존지구로 설정된 타카야마와 같은 도시에서도 전통적 색채인 흑갈색을 이용하여, 전통적 건조물만이 아닌 일반주택들과 상점들도 이 룰을 적용해 도심의 개성과 연속성을 높이고 있다.

전통적인 색채의 반영은 시각적으로 사람들이 태어나고 자란 자연기후와의 조화성이 형성되기에 기본적으로 눈에 편안함을 가져온다. 개성은 통일감 위의 변화를 기본으로 한다. 자신이 가진 아름다움을 버리고 다른 곳의 색채를 옮겨 온다고 해서 그 공간에 쾌적함이 생겨날 수는 없다. 현재 국내에서도 다양한 경관의 색채계획이 시행되어 외국의 형식과 배색의 아름다움을 가지고 오지만, 본래 가지고 있던 소중한 색채와의 부조화로 인해 오히려 산만한 공간을 만들고 마는 경우가 많이 생겨나고 있다. 이것은 비단 색채만의 문제가 아닌 전통에 대한 인식의 영향이 크다.

한국의 전통적 도시공간은 건축형식만이 아닌 색채에서도 지역의 소재를 사용한 자연과의 조화를 가장 으뜸으로 여기는 의식을 바탕으로 만들어져 왔다. 사찰이나 사당, 서원, 궁궐 등의 단청에 강하고 상징적인 색채를 사용하여 상징성을 드높이고, 일반주택에는 편안한 자연소재와 색을 입히나 소재와 패턴 등의 미묘한 변화가 있어 결코 지루하고 않으며 다소곳한 리듬감을 가지고 있었다. 아직도 도심 곳곳에 한옥이 남아 있는 곳에서는 그러한 매력을 느낄 수 있다. 그러나 이러한 색채의 전통은 한국전쟁 이후에 이루어진 재개발에서는 지역성과 무관하게 삶의 편의만을 고려한 박스형 고층건물과 주택이 도시의 대부분을 차지하게 된 뒤로는 거의 볼 수 없게 되어 버렸다. 특히나 현재 가장 일반적인 주거문화가 되어 있는 아파트의 경우는 최근 많이 개선되고 있지만, 브랜드 이미지가 중심이 되어 국적과 지역을 알 수 없는 색채의 과도한 사용으로 지역의 경관을 헤치는 주범이 되어 왔다. 다른 도시경관 정비에 있어서도 지역성과 개성을 주장하

낙안읍성 마을 – 전통적인 소재와 자연환경의 관계성이 만들어 내는 아름다운 풍경.

며 전통과 자연을 살린 색채의 논의는 무성하지만 현실적으로는 현재의 무분별하고 혼란스러운 도시색채 사용만이라도 자제한다면 다행이라고 여겨야 할 정도다. 스스로가 가진 색채의 아름다움을 멀리하며 외국서적이나 사진 등에서 보던 형식을 모방하여 어디를 가도 볼 수 있는 거리와 주택, 상가를 디자인하는 것으로 과연 그들이 말하는 지역의 개성적인 도시가 만들어 질 수 있을까.

국보 1호라고 하는 남대문 주변을 화려한 멀티미디어 광고판과 운송회사의 대형간판이 시야를 가리고 어지럽혀 버리는 현재의 색채문화 속에서 과연 그 거리의 개성적인 풍경이 연출될 수 있을까. 전통가옥과 공간을 없애고 고층건물을 올리고 이벤트를 통해 사람들을 모이게 만드는 것만으로 과연 거리의 미적인 수준이 올라갔다고 할 수 있을 것인가. 최첨단 도시를 여기저기에 새로 만들고 있지만 종묘의 정전과 영령전의 지붕회벽을 콘크리트로 대충 메우고 칠해 버리는 이러한 열악한 전통유산의 관리 속에서 한국적인 개성이 태어나길 바라는 것은 모순이 아닐까. 외국것인지, 우리것인지 모를 색채의 모방으로 도심의 간판과 거리의 개성이 태어난다고 생각하는 것 자체가 무리는 아닐까. 의문은 늘어만 가는 것이 우리 도시의 현실이다.

전통이라고 하면 오래되고 세련되지 못하다고 생각하는 경향도 있으나, 전통도시가 가진 색채의 연속성과 도시의 지역성과 개성, 삶에 편안함을 주는 배색의 미를 넘어서는 아름다운 거리를 우리 주변에서는 찾기 힘들다. 그 배색은 화려하지 않으나 단순하지도 않으며, 자세히 들여다보면 우리의 향악과 같은 넉넉한 변화가 있어 지루하지 않다. 또한 외국 어디에서도 볼 수 없는 우리만의 독특한 색의 미를 지니고 있다. 오래 봐도 익숙하며 손때가 묻어나는 것과 같은 시간의 정겨움을 도시의 색으로 만들어 나갈 때 도시는 아름답게 된다.

가회동의 거리풍경 – 전통적인 색채와 서양풍의 색채가 자연스럽게 조화되고 있다.

6. 경관색채계획의 키워드 5 - 문화

　아름다운 도시는 그 도시의 색채문화를 반영하고 있다. 색채문화는 사람들의 삶이 만들어 내는 정서적 자산이다. 눈으로 보이는 것보다 보이지 않는 무형의 형태를 띠며, 생활에서 나오는 사유의 소산이다. 문화의 색은 시간이 깊어질수록 풍부함을 더해 간다. 사회의 유행과 사회적 의식이 변하듯 도시의 색은 변화한다. 그러한 변화에는 그 속에 사는 사람들의 향기와 소재 등의 소프트적인 문화의 영향이 크며, 문화는 도시의 색을 만드는 중요한 요인이 된다. 문화는 사람들의 삶 속에 있다. 그러기에 사람들의 도시에 대한 깊은 애정은 도시의 문화를 만드는 또 하나의 색채자산이다.

　우리의 공간문화를 나타내는 표현중에 '넉넉함'이 있다. 모든 것을 메우기보다는 오랜 시간을 바라보았을 때 무엇인가 느낄 수 있는 공간을 만들어 사색할 수 있는 시간의 여유가 그곳에 있었다. 일본의 도시문화가 시선이 가는 곳에 정원을 만들거나 작은 화원을 만들어 시선이 닿는 곳에 무엇인가를 만들어 두어야 만족을 느끼는 문화였다면, 우리는 그것과는 달랐다. 도시의 색채에서도 화려함으로 메우거나 강한 대비를 주기보다는 자연과의 시선흐름을 중시한 '비움'을 통해 편안한 사색의 공간을 만들어 내었다. 약간 지루함이 있어도 계절의 변화와 마당에 널린 고추나 지붕 위에 있는 박의 녹색에서 화려함을 주었고, 또한 때때로 열리는 지역축제와 잔치에 사용되는 화려함은 색다른 즐거움을 준다. 화려함은 정신적 상징이나 공간의 상징에만 사용되어 그 상징성을 부각시켰다. 서민들의 흰 의상 역시 여백으로 여유로움을 주고 그 안을 생각으로 메울 수 있도록 한 문화의 색채였다. 이러한 색채의 여유는 지금도 극히 얼마 남지 않은 한옥거리

가회동의 거리풍경 - 한옥의 선과 색채에서 우리만의 푸근한 삶의 문화를 느낄 수 있다.

에 가면 느낄 수 있다. 집들과 집들 사이로 서로의 삶의 공간이 엿보이는 것 역시 우리의 독특한 문화다. 삶과 구조와 형태, 색채가 조화된 아담하고 미묘한 색채변화는 우리의 공간문화가 만들어 낸 미학이다.

이에 비해 서구의 도시문화는 성곽에서 볼 수 있는 지킴의 문화로부터 만들어져 있다. 밖은 아름답게 정리되어 있으나 안으로는 단단하며 들어갈 틈이 없다. 자연을 개척하여 만들었고 수많은 전쟁과 문화의 교류를 접해왔기에 스스로를 지켜나가는 문화가 도시에 그대로 녹아 있으며, 안에서 열어주지 않으면 들어갈 수 없게 되어 있다. 대신 건축외부와 공공공간에 색채의 연속성과 지역의 문화를 담아 두었다. 지금 유럽 어디를 가도 그 문화의 색채가 그대로 남아 있으며, 새로움을 더할 때에도 문화의 큰 틀을 중심으로 이루어지고 있다. 넓은 가로 주변의 녹지와 어우러진 아름다운 건축물, 그리고 그 사이로 아기자기하게 이어진 작은 골목과 카페, 레스토랑, 물가의 휴식처는 역사와 시간을 동시에 전해주는 문화의 공간이다. 심지어 이탈리아의 시칠리 섬의 좁은 골목을 두고 널린 빨래에서도 그 도시 속 삶의 양식을 볼 수 있다. 상징은 중심에 있고 화려하고 거대하다. 그렇기에 그것이 상징이 된다.

상징색도 그 도시의 문화다. 문화가 지형, 기후와 관계가 깊듯이, 그곳에서 하나의 큰 의미로, 권위로, 숭배로 자리 잡은 색이 상징색이 된다. 상징은 사람들이 그 상징에 대해 존경심을 가지지 않고서는 상징의 역할을 할 수가 없다.

개척정신으로 대표되는 미국문화 역시 담대하고 거대한 도시계획 아래서 태어났지만 태생을 서구에 두고 있기에 슈퍼그래픽의 발상지가 되었으며, 도심에 짙은 색조의 사용이 많으나, 그것 역시 미국이라

01 정의, 전개와 관점 55

마드리드 시내풍경 – 때때로 일시적인 색채의 화려함이 생활의 활기를 가져온다(스페인).

는 개척사회의 강한 도전과 대자연 속의 존재감을 부각시키기 위함이기에 부자연스럽지 않다. 그것이 미국도시가 가진 문화이자 색채인 것이다.

우리는 우리에게 어울리는 삶의 문화가 있고 그 삶을 풍요롭게 하며 정돈시켜주는 색채가 있다. 우리는 그것을 도시의 표피에 우러나도록 해야 한다.

7. 경관색채계획의 키워드 6 – 도시디자인의 철학

도시는 다양한 모습을 하고 있지만 그 외형인 경관이라는 요소는 오랫동안 그 도시에서 살아오고, 그러한 형태를 만들어 온 사람들의 또 다른 삶의 모습이다. 삶의 모습은 생각의 또 다른 반영, 즉 철학이 표현된 시각적 형태다. 생명의 근원으로의 끊임 없는 진출지향을 추구해 온 서구의 도시는 동쪽에 대한 방향성이 도시형태에 반영되었다. 오랫동안 다양한 형태로 도시구조가 바뀌어 왔지만 도시경관의 기본적인 방향은 대로를 중심으로 주변을 정리하고, 상징적인 공간으로 연결시켜 그 시각적 이미지를 전개해 왔다. 그리고 대규모 광장을 도시 곳곳에 배치하여 권위와 의견의 공유, 향유라는 인간중심적 공간철학을 심어 두었다. 그러한 서구의 도시철학이 그대로 반영된 북미 대륙처럼 짧은 역사를 가진 도시에서도 직선으로 그 축을 확장시켜 나가는 구조를 가지고 있다.

도시의 색채도 이와 다르지 않다. 그 도시를 설계하고 그곳을 살아온 사람들이 추구해온 다양한 생각들에 의해 그 색채가 달라진다. 연속성을 중시하고 그 전체적 구조 속에서 작은 변화를 추구해 온 도시에서는 주변환경과 어울리는 색채가 기본적 사고로 자리잡고 있다.

하이델베르크(독일)

숲과 수변공간에서 발달된 도시는 그 도시의 자연배경과의 조화를 중시하며, 건물과 다리, 심지어는 사람들이 입는 의상의 색채까지도 그러한 도시가 지향하는 철학의 큰 틀 안에서 자신의 모습을 찾고 있다. 그러기에 사람들의 삶이 그 속에 녹아 있으며, 지역의 지형구조 속에서 다른 곳에서 찾을 수 없는 독특한 미감을 공간 곳곳에 반영시켜 아름다운 도시를 만들고 있다.

모방은 새로움을 생성시키는 중요한 행위다. 자신들이 나아가고자 하는 이상적인 경관의 표상을 찾아내어 그것을 향해 자신들의 모습을 변화시키는 과정 속에서 새로운 모습을 찾아갈 수 있다. 그러나 눈에 보이지 않는 도시의 철학을 모방하는 것은 어렵다. 많은 지역에서 다른 지역의 색채가 가진 아름다움을 닮기 위해 그 외형을 모방하지만, 자신들의 공간에 대한 철학을 외면한 상태에서의 모방은 결국 본래 가지고 있던 아름다움마저 잃어버리게 된다. 장자는 우화에서 중국의 다른 나라 사람들의 그것이 재미있어, 발걸음을 흉내내던 아이가 자신이 원래 걷는 방법까지 잊어버려 결국 기어서 돌아갈 수밖에 없었다는 것을 빗대어 세태를 풍자한다.

 이렇게 보면 최근에 전개되고 있는 다양한 경관계획과 도시정비에서 외국의 좋은 사례나 다른 지역의 좋은 사례에 대한 벤치마킹을 하고물론, 기형적으로 받아들이는 경우가 많다 그와 유사한 도시의 색채와 디자인을 만들고 있는 것은 많은 문제를 가지고 있다. 우리나라의 많은 도시들이 이전보다 많이 세련되고 깨끗해진 것은 분명한 사실이지만, 그 도시들의 대다수는 어디서나 볼 수 있는 유사한 도시가 되어 가고 있다. 이것은 외형의 틀과 형식만을 모방하고 그것을 만들기 위한 장기적 논의와 체화에 필요한 과정의 상실에 그 원인이 있음은 두 말 할 여지가 없다. 철학이 없는 상태에서의 모방은 단기적으로 자신의 뛰어난 일부분만을 부각시키게 되고 그 속에 원래 가진 아름다움은 잃게 된다. 최근에도 조금은 낡아 보일지는 몰라도 정취가 있으며 그 도시의 독특한 색채를 느낄 수 있었던 공간이나, 좁고 불편한 골목을 돌아다니다 보면 새로운 장면이 연출되던 아름다운 공간들이 책에서나 외국에서 봤던 한 일면의 공원으로 바뀌거나 거대한 고층건물의 주차장으로 변해버리는 일이 도심 곳곳에서 일어나고 있다. 과정의 상실, 이것은 삶의 색채를 잃어버리는 것이다. 아이러니 중 하나는 대다수 사진집에서 그렇듯이 아름다운 도시, 삶이 살아 있는 정취, 도시의 색채를 이야기할 때는 서민의 삶이 살아 있는 주택가 골목의 사진을 찍고 그림을 그리면서도, 정작 자신들이 살고자 하는 공간은 고층 건물과 주차장, 쾌적한 공용공간이 있는 아파트를 선호한다는 점이다.

 도시의 철학은 애착과 크게 다르지 않다. 특히 공공의 공간에 대한,

지역에 대한, 지역의 색채에 대한 긍지며 지켜나가고자 하는 마음 그 자체다. 도시의 색채는 이것들이 삶의 공간에 색채라는 형식으로 반영된 것이다.

한 아름다운 도시가 이뤄지기까지의 과정을 모방하는 것과 도시색채가 가지고 있는 철학, 도시에 대한 애정, 그리고 이것을 자신들, 구성원들에게 맞도록 꾸준히 바꿔나가려는 노력과 관심 속에서 도시의 아름다움은 가꾸어지는 것이다.

중앙시장 – 이곳의 기억을 현대적으로 살릴 수는 없을까(서울).

8. 경관색채계획의 새로운 가능성

도시는 자연이 인간에게 준 또 하나의 안식처자 피난처다. 건축 등 인간이 만들어 낸 도시의 경관요소는 자연의 위대한 힘 앞에 경의를 표현하기 위해 자연을 닮아가도록 끊임없는 노력을 해 왔다. 그리스, 로마시대의 고대도시철학을 시작으로 르네상스와 휴먼 스케일의 중세를 거친 유럽의 도시들이 그러했고, 우리 선조들의 건축 역시 자연과의 조화를 만들기 위해 멋을 부리더라도 주변 자연의 흐름 이상으로 색채와 과도한 곡선을 주는 법이 드물었다.

그러나 최근 주변의 공간에서 볼 수 있는 도시문화는 마치 바벨탑을 쌓아 신에게 도전이라도 하는 듯하다. 서로 경쟁하듯 높아져만 가는 건물들 속에서 색채 역시 조화보다는 자기 목소리를 내느라 스스로의 모습을 잃고 있는 것은 아닐까. 지금의 서구 도시문화가 오랜 파괴와 반성 속에 얻어낸 성과라는 점에 비해, 어쩌면 우리는 개성적인 도시경관을 만들기 위해 겪어야 할 시행착오라는 폭풍의 눈 속에 와 있는지도 모른다. 그러나 현대디자인이라는 이름 아래 만들어진 수많은 경관요소들이 자연과 인간의 축적된 기억을 훼손시키며 아직 손대지 않았던 공간까지 퍼져가는 속에 그 원형이 사라지게 되면 정체성의 회복은 영영 어려워질 수 있다. 파괴는 그 깊이를 모른다.

두 차례의 전쟁으로 폐허가 된 서구문명이 지금의 도시를 만들기 위해 얼마나 많은 노력을 해 왔는지, 대도시의 난개발과 스프롤sprawl: 도시가 무질서하게 퍼져나가는 상태로 거대도시의 확장만을 해 오던 아메리카 대륙이 도시에 개성과 쾌적함을 가져오기 위해 얼마나 많은 시간과 돈을 들였는지, 버블 시대에 살아남은 도시 이외에는 전통과 자연과의 조화를 상실한 일본이 80년대 이후로 얼마나 많은 상실의 시간을

상하이의 거리풍경 – 중국의 거대한 개혁 속에 도시의 구조는 새롭게 변모하고 있다. 그러나 그 속에서도 대륙적 분위기는 남아 있다(중국).

겪었는지, 아름다운 도시가 이뤄지고 지켜지기까지 수많은 시행착오와 노력과 철학이 필요하다는 것을 알 수 있을 것이다. 또 우리는 중국이 진행하고 있는 새로운 도시연혁정책이 역사적 환경보다 새로운 현대적 환경을 중시하는 것을 보면서 그들이 겪고 있는 정체성의 혼란과 지켜져야 할 도시경관의 진정한 의미에 대해 생각해보지 않을 수 없다.

인간은 사회환경적 동물이다. 동물은 자신이 살던 환경이 바뀌면 한동안 적응하지 못하고 정신적, 신체적으로 이상현상을 보인다. 도시색채의 지역성도 그렇게 환경 속에서 만들어지는 것이다. 자신이 살고 있는 공간을 편안하고 더 좋은 공간으로 만들고 환경 속에 적응해 나가는 것이 생태계의 법칙이다. 복잡한 색채는 상가나 유흥가 등 복잡함을 요구하는 곳에 있어야 하나, 생활공간까지 다 선명하고 화려한 색채가 넘치는 것은 문제가 있다. 그 속에서 자신의 도시가 가진 아름다운 색채를 잃어가면서 다른 것의 아름다움을 닮고자 한다. 기능주의와 깨끗함만의 관념적인 개성만으로는 결코 깊이 있는 도시의 색채를 만들 수 없다.

도시의 색채는 우리의 또 다른 삶의 형태를 반영한 것이다. 모방하기 전에 우리가 지금 지켜나가야 할 도시의 색채가 무엇인지, 시간이 걸리더라고 파괴로부터 잃지 말아야 할 최소한의 원형을 지켜야 한다. 도시는 현 세대만이 아닌 다음 세대에까지 끊임없이 물려나갈 위대한 유산의 산물이다. 오랫동안 만들어나갈 그러한 유산의 계승에 색채는 아직도 수많은 표현과 조율의 가능성을 가지고 있다. 문제는 무엇을 어떻게 물려줄 것인가에 있다. 그것이 창조적 경관색채의 계승, 경관색채계획의 시작이다.

자연의 색과 어울리는 색이란 무엇인가

02 경관색채계획의 방법

1. 경관색채계획의 방법론 – 경관색채의 조화이론

　서울을 중심으로 한 국내의 도심경관은 10년 전에 비해, 비약적인 발전을 이루어 왔다. 그것은 개별 건물만이 아닌 도심경관 전체에 있어서도, 거리경관의 정비상태나 녹지공간의 확대, 전통적인 경관요소의 보존과 상가의 간판정비 등, 이전에는 당연하게 여기던 열악한 경관이 점차 개선의 틀을 갖추어 가고 있는 상황이다. 60년대부터 전개된 미국의 도시경관에 관한 지방자치제의 조례나 80년대 이후로 활발하게 진행되고 있는 일본의 경관정비 가이드라인과 각종 조례 등 일반화된 선진국의 경관정책에 비하면 늦은 감이 있지만, 정부와 시, 지자체 차원의 경관관련 법안들이 제정되고 있으며 시민단체 역시 환경과 경관정비에 관한 개선활동을 전개하기 시작하고 있다. 시민의식도 이전에 비해 성숙된 수준의 경관을 요구하고 있다.

　이와 함께 경관색채의 중요성도 이전보다 인식이 확대되어 다양한 활동이 전개되고 있는데, 한국의 도심거주의 대표적 요소인 아파트 색채의 경우도 고채도의 그래픽과 아파트 브랜드만을 부각시킨 이전에 비해 저채도의 색상과 주변경관의 연속성을 고려한 디자인으로 바뀌고 있는 추세다. 또한 최근 진행되는 간판의 색채정비는 그러한

고베의 이방인 거리의 풍경 – 고베의 전통과 서양식건물이 어우러져 이국적 풍경을 만들고 있다(일본).

청계천의 복원 후 풍경 – 보행자도로의 소중함을 일깨워준 반면 획일적인 간판정비에서 시간과 프로세스의 중요함을 느끼게 한다.

의식변화를 보여주는 단적인 예다. 그러나 도시의 경관정비는 도시에 대한 명확한 이해와 관점을 가지고 지속적으로 관리할 때 효과를 발휘하며, 체계화되지 않은 정비는 새마을 운동과 같은 획일화된 경관을 만드는 또 다른 폐해를 양산할 수 있다. 이러한 문제를 예방하고 각 도시특성에 맞는 조화로운 색채경관조성을 위해서는 정확한 문제진단과 함께 산발적으로 진행되고 있는 경관계획을 지역차원으로 확대시켜 관리해 나가는 것이 필요하다. 또한 경관색채에 대한 이해와 전문영역으로의 확대도 중요한 과제다.

이 장에는 경관색채의 이해에 관한 1장의 내용을 바탕으로 경관색채계획의 전개에 대한 기본적인 관점을 정리하고, 경관색채정비의 요소, 우리 환경과 조화된 경관색채 정비방안에 대해 이야기하고자 한다. 우선 경관색채, 환경색채 등 환경디자인 영역에 사용되는 이 두 가지 용어에 대한 정의를 살펴보자.

일반적으로 많이 사용되는 '환경색채'는 '인간과 생물을 둘러싼, 관계성에 의해 직접, 간접적인 영향을 받는 공간, 즉 인간이 지각, 운동, 생활을 전개하는 일체의 공간에 대한 색채'라고 할 수 있다. 다시 말하면 '자연, 도시, 공장지대, 휴식과 업무공간, 학교, 놀이시설 등의 자리를 포함하는 공적, 사적 공간의 색채'고, '환경색채계획'은 이러한 환경에 대해 공간목적에 맞도록 색채의 선정, 배색패턴의 작성, 공간형성을 통해 쾌적한 환경을 만들어 나가는 분야다.

경관은 무엇인가를 보는 시각적 행위를 칭하는 개념이기에 '보이는 환경', 즉 '인간의 미학적 관심을 수용하는 일체의 지역의 지리적, 생리적, 문화적 시각관계'라고 정의할 수 있다. 경관은 단순히 보여지는 대상만을 의미하는 것이 아닌 그 대상을 바라보는 인간과의 상호관계 속에서 성립한다. 경관의 의미는 환경보다는 시각적인 범주라는

카마쿠라 에노시마의 풍경 - 자연의 구조에 맞춘 색채와 거리풍경에서 오랜 전통과 자연과의 조화를 볼 수 있다(일본).

면에서는 하위개념에 속한다. 그래서 환경색채와 경관색채의 개념사용은 그 작업의 성격이 어떤 공간을 대상으로 하는 것에 따라 달라지나, 일반적인 외부공간에서의 시각적인 색채계획은 '경관색채계획 또는 디자인'이 적당한 용어라고 할 수 있다.

'경관색채'는 도시와 자연경관의 색채를 말하며 외부풍경의 인공물의 색채를 주로 취급한다. 색채는 주변의 다양한 환경에 있어 인간경험의 축적, 문화형태에 따라 특정형태의 이미지를 가지고 다양하게 전개되고 변화한다. 또한 색의 항상성과 같은 심리적으로 축적된 고유의 색채문화를 반영한다. 이러한 경관에 어울리는 색채는 그것을 인식하는 문화의 수용력, 이해력, 그리고 그것을 실현 가능하게 하는 소재, 기술과 밀접히 관계하며, 그것에 따라 각 지역은 다른 경관색채를 형성하고 인지 가능한 공간이 된다. 따라서 어떤 공간에 적합한 경관의 색채는 필연적으로 그 지역의 지역성과 깊은 관계가 있다오른쪽 그림 참조.

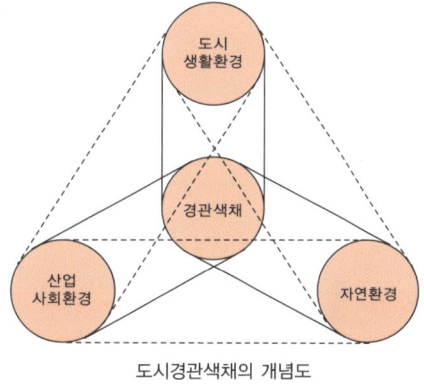

도시경관색채의 개념도

경관색채는 일상생활에 강한 영향을 미치고 있으며 그것은 주변환경과의 관계에 따라 다양한 변화를 하는 등 주변과의 조화를 기본원칙으로 한다. 따라서 대상이 될 장소의 '지역성과의 조화, 자연풍경과의 조화, 거리풍경과의 조화, 건축양식과의 조화, 형태와 소재·크기·용도와의 조화' 등 일체의 요소를 조화의 축으로 고려하여 경관색채계획을 이해하는 것이 중요하다. 이것은 경관색채를 단순히 물리적 현상으로 보는 것이 아닌 기후, 풍토, 지역특성, 역사, 문화가 포함되어 있는 시각환경의 중요 요소로 취급하는 관점이다.

도시를 보는 방법에는 '새의 눈'으로 도시를 보는 방법과 '곤충의 눈'으로 도시를 보는 방법이 있다. 전자가 도시의 조감도를 보듯 높은 시점에서 도시의 전체적인 상을 보는 것이라면, 후자는 곤충과 같이 도시의 디테일한 부분을 자세히 보는 것이다. 경관색채계획에 있어서도 전체적 조화를 위해서는 이 두 가지 눈이 동시에 요구된다.

현대의 도시경관에는 자연환경을 포함한 주변환경과의 조화는 필수적이기에 도시와 색채 간의 상호관계를 파악해가는 것이 중요하다.

그러한 경관의 색채에 무엇보다 밀접한 관계가 있는 것이 '풍토'다. 풍토는 어떤 토지의 기후, 기상, 토질, 지형, 경관 등의 총칭이다. 인간은 땅 위에 발을 딛고 있기에 토지라는 자연환경은 인간의 의지와는 상관없이 주변을 구성하고 있다. 이것은 사람이 각각의 자연환경을 자연현상으로 관찰해, 나아가서는 그것이 인간에게 영향을 미치는 문제다. 이러한 풍토의 조건 위에 인간의 감각이 공통으로 느끼는 기반이 있고 그 속에는 각각의 속성으로서 색채가 있고 소재마다 색채의 폭이 있다. 소재는 자연, 가공, 인공소재로 분류되고, 인공소재는 폭넓은 색채표현이 가능한 고유의 색채가 있으나 자연소재, 가공소재는 한정된 색채만이 있다. 이처럼 경관색채는 소재가 가진 폭과 자연환경의 영향을 받기 때문에 경관소재의 경향을 아는 것은 색채경관의 특징을 이해하기 위해 중요하다.

그 외에도 경관색채에는 많은 관계요인, 요소가 존재한다. 경관을 구성하는 것에는 각각의 형태, 수치, 소재의 속성이 있으며 또한 색채의 사용법, 경관을 만들어 나가는 방법 등으로부터 이러한 속성을 정리할 필요가 있다.

2. 경관색채의 관계요인

경관색채에 영향을 미치는 대표적인 요인으로는 아래와 같은 4가지가 있다.

1) 지리적 요인

색채환경에 관계하는 지리적 요인은 위치에 관한 것이 중심이 되어 있고 도시의 입지에 따라 크게 좌우된다. 각 지역은 위도의 특징이나 태양광의 입사각도에 따라 공기층을 통과할 때 빛이 크게 변화되고 그것은 지역고유의 색채감각을 유발한다. 문화적인 지역색도 이것을 기본으로 만들어 진다. 또한 1장에서 서술한 바와 같이 색채에는 인간의 심리적 기능이 있어 따뜻한 색은 따뜻하게, 차가운 색은 차갑게 느낀다. 그 결과 추운 지역에서는 따뜻한 색채를, 무더운 지역에서는 차가운 색채를 사용하는 경우가 많다. 또한 지역의 한란의 차이에 따른 변화는 시각적인 부분만이 아닌 경관구성요소의 기능적인 부분에 미치는 영향도 크다. 지형 역시 경관의 기초가 되는 도시구조와의 관계가 깊고 인간의 의식에 크게 작용한다.

2) 시간적 요인

시간적 요인은 주야의 시간변화에 관한 것과 계절의 변화에 관한 것, 오랜 시간경과에 관한 것의 3가지로 분류할 수 있다. 또 기상의 변화도 이런 시각의 변화로 받아들일 수 있다. 같은 색이라도 시간에 따라 다르게 보이며, 시간의 축적은 또 다른 풍경의 색이 가진 깊이를 만들어 낸다.

3) 사회적 요인

도시에 있어서 경관색채형성의 사회적인 요인은 큰 영향력을 가진다. 사회적 요인은 크게 경제적 요인과 문화적 요인으로 나눌 수 있는데, 사회적인 문제는 인간본연의 문제로 직결되기에 많은 사람이 살아 움직이는 도시에서는 그만큼의 다양한 문제가 발생한다. 여기서 경관을 정비하는 등의 활동은 경제활동에 깊이 관계하는 행위로서, 도시경관은 경제적 문제에 제약받는 부분이 적지 않다. 또한 그와 함께 문화에 관한 요인도 도시의 기능과 색채의 사용방법에 영향을 미친다. 이것은 색과 소재에 관한 습관을 형성하고 경관구성요소가 가진 이미지에 따라 다르게 적용된다.

4) 면적

색은 그 자체에는 크기가 없지만 색을 지닌 물체의 면적에 따라 색이 다르게 보인다. 크기는 그 대상물의 속성이지만 우리들은 대상물을 다양한 거리에서 보기 때문에 망막상에 연결된 크기는 거리에 따라 변화한다. 따라서 색채학에서 크기를 정의할 때는 물체의 크기만이 아닌 망막에 비치는 상의 각도로 표시한다. 이 망막상에 비친 각도를 일반적으로 '시각'이라고 부른다.

3. 경관색채의 기본구성

경관색채는 일반적으로 원경색과 중경색, 근경색, 근접색의 4단계로 분류된다. 이 4단계의 색채를 보는 방법은 소재에 민감하게 반응하는 경관에 있어서는 중요한 과제다. 중경 이상의 레벨에서는 소재는 거의 의식되지 않고 건물은 색의 집합체로만 인식된다. 이러한 경관색채를 구성요소별로 나누면 기조색Basic Color, 주조색Dominant Color, 배합색Assort Color, 강조색Accent Color으로 구분할 수 있다. 이것은 색채를 사용하는 방법에 따른 분류며, 경관에서는 완전히 일치하는 적용법은 아니나 고려가 필요한 부분이다. 특히 색채의 사용에 있어서 전체배색을 작성하고 이 부분을 어떻게 사용하는가에 관해서는 면적, 형태와 같이 이미지에 큰 영향을 미친다. 악센트 컬러의 경우, 사람에게 강한 전달력을 가지므로 중요한 목적으로 사용될 때 상징색과 같이 적은 면적에서 효과적으로 발휘된다.

경관색채의 구성은 환경의 포함범위나 공간조건, 구획의 구분에 따라 자연경관, 도시경관, 지역경관, 외부경관, 내부경관의 색채로 구분

경관색채계획의 구성

경관색채의 구분		
구성요소별	구 분 별	환경, 공간조건, 구획
원경색	기조색(basic color)	자연경관색
중경색	주조색(dominant color)	도시경관색
근경색	배합색(assort color)	지역경관색
근접색	강조색(accent color)	외부경관색
		내부경관색
경관색채계획		
색채디자인	경관색채 프로세스	경관색채 메니지먼트

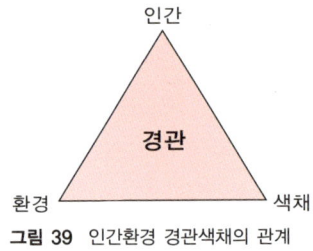

그림 39 인간환경 경관색채의 관계

된다. 그 속의 주민, 그룹, 단체, 지역, 사회, 도시 등과의 각각의 지리적, 문화적 특징이 존재하고, 그 안에 다시 건축과 색채, 사람, 자연의 요소가 존재한다. 이러한 상태는 구체적인 환경조건, 환경형태, 환경스케일, 환경의 질을 나타낸다. 경관은 이러한 것을 배경으로 사람과 사물이 생활상과 상태로 조합된 공간이며, 경관색채계획에 있어서는 종합적인 시점 위에 다양한 관계의 조화가 필요하다.위 그림 참조

4. 경관색채의 조화와 도시의 문화

이상에서 경관과 경관색채의 대략적인 개념과 구성, 조화의 필요성에 대해 정리해 보았다. 이러한 내용은 공간이 가진 상황에 따라 다르게 적용하나 '그 공간의 경관에 적합한, 그 공간을 살아가는 사람들을 위한' 이라는 경관색채계획과 디자인의 기본이념은 다르지 아니하다. 그럼 이러한 경관의 색채를 지역에 적합한 공간을 만들기 위한 경관색채의 조화를 우리의 경관문화와 대조해 가며 살펴보자.

도시의 경관이미지는 도시를 구성하는 요소들의 조화관계에 의해 결정된다. 마찬가지로 도시에서 느껴지는 색채이미지가 갖는 조화의 정도는 도시 구성요소들의 색채적 밸런스 관계에서 온다고 할 수 있다. 이러한 도시색채에 있어 조화의 척도는 전통적인 도시의 미에 관한 평가척도와도 유사한 '변화 속의 통일의 정도' 에서 시작된다. 이것은 경관을 구성하는 다양한 요소의 색채가 일정한 시각적인 균형을 유지할 때 흔히 '아름답다' 는 느낌을 전달할 수 있는 경관이 된다

는 것을 의미한다. 동일한 배색에 의한 색채이미지를 가진 경관이지만, '획일성'과 '통일성'의 의미는 다르다. 전자가 단순한 외형만의 색채를 같은 형식으로 만들어 나가는 것에 비해, 후자는 비물리적인 색채요소, 즉 흔적, 기억, 소재의 특성, 생활미 등이 반영되어 있다. 마찬가지로 '다양함'과 '혼란스러움'도 전자가 '변화 속에서도 일정한 질서'를 가지고 있는 것에 비해, 후자는 '단지 혼란스러움'의 이미지며 구성된 개체와의 불균형을 의미한다.

이렇듯이 조화는 모든 개체와 개체 사이에 존재하는 균형을 갖추고 있는 상태다. 또한 이상적인 감각, 형태기도 하며 개인의 이해보다는 어떤 집단의 동의를 전제로 한다. 그것은 인간이 사회를 만들어 내고, 그것의 유지에 필요한 질서라는 개념, 시스템을 만들면서 발생하는 필연적으로 요구되어지는 모순이나 충돌이 없는 상태를 나타낸다. 결국 색채의 조화 역시 단순한 예술의 영역만이 아닌 인간활동의 전반에 걸친 관계에서 성립하는 개념인 것이다. 그렇다면 조화로운 경관의 색채를 만들기 위해서는 어떠한 것이 필요한가.

튜빙겐의 거리풍경 – 그 거리의 색채문화가 반영된 거리는 매력적이다(독일).

5. 경관과 색채의 관계성 - 지역성

　외부경관의 색채는 다양한 요소가 복잡하게 얽혀 있다. 특히 시야 속에서 변화하는 망막의 크기문제를 비롯하여 자연의 변화에 따른 색채의 변화, 또한 소재의 변화와 밀접하게 연관되어 있다. 더욱이 그것을 보는 관찰자의 심리적, 생리적 요인과 지역에 따른 문화적 영향도 크게 작용하기 때문에 경관을 구성하는 각각의 요소를 색채분야에 반영하는 것은 색채조화의 관계설정에 중요한 위치를 차지한다. 그러나 이 모든 것의 바탕에는 어떤 색채든지 공간특성과의 연관은 필요하다. 그래서 공간의 색채는 기본적으로 지역성과 필수불가분의 관계를 형성하고 있다.

　경관색채의 지역성과 관련된 요소로서는, 형태, 크기·면적, 배치·장소의 특징, 풍토·지리적·문화적 특징, 소재 등이 있다. 특히 색채와 풍토의 관계는 어떤 지역의 색채를 정하는 결정적인 요인이며, 거주하는 사람들의 색채에 관한 의식과 자연조건 등이 포함된다. 앞서 언급했듯이 이 문제에 대해 프랑스의 색채학자 랑크로는 그의 「색채의 지리학」에서 지역의 풍토와 색채와의 관계를 명확히 하고 그것을 이용한 색채계획이론을 전개했다. 일종의 지역의 경관에 있어서 색채 적응의 원리를 적용한 것이다. 그의 이론은 프랑스뿐만이 아닌 일본을 비롯한 세계 곳곳에서 지역경관의 거리정비와 경관형성, 도시개발에 적극적으로 활용하게 되어 경관에 있어 필수적인 개념으로 자리잡게 되었다. 색채의 지리학은 항시 평형을 추구하는 눈의 본성에 기반을 두고 있다. 눈은 항상 다양하게 전개되는 공간의 변화에 노출되어 있고 그러한 변화에 대해 끊임없이 시각적 안정을 추구한다 항상성(homeostasis: 눈의 심리적 균형을 유지하기 위한 메커니즘). 보색대비와 잔상과 같은 현

삿포로의 거리풍경 - 다소 혼란스러운 이국적인 풍경(일본)

상은 그 대표적 사례다. 이것은 색의 체험과도 연관되어 생활환경 속에서 길러진 습성으로, 태어나고 자란 환경과 같이 오래 보고 익숙해진 풍경의 색채요소에 눈이 보다 평온한 상태를 유지하게 되는 것을 의미한다. 이것을 설명하기 위해서 아래의 관계도를 참고하자.

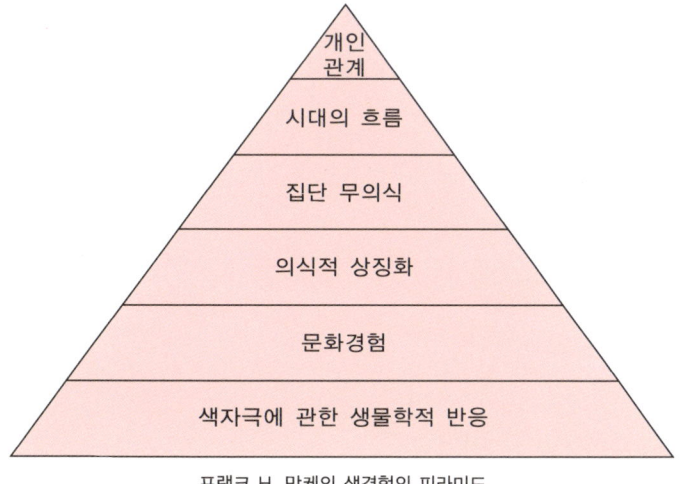

프랭크 H. 만케의 색경험의 피라미드

색경험의 피라미드와 같이 인간에게 색채의식이 형성되는 데에는 일정한 단계를 거치게 되는데, 그 근간을 이루고 있는 것이 색자극에 관한 생물학적 반응, 즉 주변환경에 대한 색의 지속적 체험과 습성이라고 할 수 있다. 이것의 한 예로 스페인, 이탈리아와 같은 남부유럽의 경관이 거리에 있는 건물들 간의 연속적인 통일성이 높고 변화가 없는 것은 지역의 토양과 관련이 있지만 뜨거운 태양광선에 대해 시각적 변화를 줄여 눈의 피로를 줄이는 효과를 가져오기 때문이다. 이와는 반대로 북유럽과 같은 추운 지역에서는 눈과 풍경의 단조로운 주변색채를 배경으로 건물들에 다양하고 고채도 색상을 적용해 눈의 변화를 추구하고 있다.

유럽의 중간에 위치한 프랑스의 경우 남부 프랑스와 북부 프랑스가 다른 색채경향을 보이고 있는 것도 그 좋은 예다. 일본이 섬나라라는 특징이 있기도 하지만 습도가 높은 기후적 특성으로 인해 오랜 보존력을 지닌 목재를 이용한 외벽이 주종이고 파스텔 톤의 미세한 변화에도 민감히 반응하는 섬세한 감각은 이러한 환경적인 요인이 작용하고 있는 것으로 이해될 수 있다. 변화되는 외부환경에 대해 최대한 시각적 안정감을 요구하는 심리가 거주지의 인공적인 요소에 대한 색채환경을 형성시키는 요인으로 작용되는 것이다.

여기에서 색채의 지역차를 가져오는 요인은 아래와 같이 4가지로 정리할 수 있겠다.

① **기온의 요인** 지역에 따라 기온의 한란 차이는 지역거주민들의 생리심리적인 반응과 연계되어 있는 경우가 많다. 따라서 기온에 따라 한란의 적응방식이 색채감각기능을 통해 기호심리에 직결되어 공간의 색채문화형성으로 이어진다.

② **습도의 차이** 지역에 따른 습도의 고저차는 대기에 포함되어 있는

스트라스부르의 거리풍경 - 독일과 프랑스의 영역에 걸쳐 있어 다른 색채적 풍경이 펼쳐져 있다(프랑스).

수증기의 밀도차를 일으켜, 사람의 시각심리의 변화를 가져온다. 결국 고습도의 지역경관과 저습도의 지역경관 어느 쪽에 익숙해져 있는가에 따라 '채도차'의 기호심리가 좌우된다.

③ **일조시간** 푸른 하늘이 오랫동안 지속되는 지역과 구름낀 날이 많은 지역은 자연조도의 차이가 발생하고, 사람의 시각에는 '명암 순응'이 발생한다. 이러한 순응은 '명도차'의 기호심리를 발생시킬 가능성이 높다.

④ **토양의 색** 지역에 따른 토양의 색채와 성질의 차이는 건축에서 소재의 차를 가져오고 사람들에게는 시각습관에 미묘한 주조색의 차이를 가져온다. 지역적 기질에 가장 직접적으로 영향을 미치기도 한다.

이러한 4가지 요인은 비교적 우리들의 생활환경에서 빈번히 발생하는 현상이며 각각이 단독으로 존재하기보다는 복합적으로 작용하는 것이 대부분이다. 그러기에 생활환경이 크게 다른 지역에 갔을 때 일종의 '풍토 쇼크'를 체험하는 것과 같이 색채도 마찬가지로 혼란스러움과 새로움을 가져오는 것이다. 외국의 경관을 접했을 때 새로움을 느끼는 것도 몇 번을 반복하면 그 쇼크가 완화되는 것도 이러한 풍토의 차이를 가져오는 환경요인의 영향이다.

이상에서 살펴본 바와 같이 색채는 환경조건과 밀접히 연관을 가지며, 특히 풍토, 색채에 관한 문화의식은 조화로운 경관형성에 결정적인 요인이라고 할 수 있다. 경관색채에 영향을 미치는 또 하나의 요인인 사회문화적인 요인과 종교적 요인도 풍토적인 특징에서 파생되는 경우가 많기 때문이다. 예를 들자면, 이슬람교의 상징색인 녹색과 남미의 푸른색 상징과 같은 선호현상 등이 있다.

이러한 일반적인 이론에 대해, 현대도시를 살아가는 사람들에게 있어서도 경관의 색채를 보는 인식의 차이가 존재하는 것일까. 이 문제에 대해 독일인과 일본인이 동일한 경관을 보고 어떤 차이점을 보이는가를, 조화성을 평가기준으로 하여 각각 60명에 대한 표본추출 SD분석을 실시한 결과, 독일인이 색상변화가 많은 경관도 아름답다고 판단하는 경향을 보인 반면, 일본에서의 조사결과에서는 변화가 적고 통일성이 높은 경관을 더 아름답다고 하는 결과가 얻어졌다. 이와 같이 도시경관에서 색채이미지를 바라보는 데 있어서도 다양한 관점이 존재하지만, 그 근저에는 '시각적 신토불이'라고 불리어져도 좋을 만큼 지역적 색채에 대한 호감도의 차이가 존재하고 있다.

하회마을과 양동마을, 낙안읍성마을의 색채조사샘플 - 지역마다의 다양한 토양색이 보인다.

6. 현대도시에 있어 경관색채와 지역성 – 참여와 기준의 부재

　우리의 주변 도시경관을 다시 한번 떠올려보자. 지역성에 대한 배려는 어디를 봐도 찾아보기 쉽지 않으며, 한 거리 안에서도 건물과 건물들간의 조화로운 배려는 새롭게 진행되는 신도시에 국한되어 있는 정도다. 최근 신도시 역시 개성있는 경관색채를 반영하는 도시색채계획에 많은 문제점을 가지고 있다. 구 도심에 대한 특화거리 정비도, 서울의 예를 보면 인사동 정도가 개성적인 공간정비가 진행되고 있으나 전통적인 색채의 아름다움은 약해지고, 소프트웨어적인 재미가 강조된 곳이 되어 있다. 도시, 해안, 산간지역, 농촌의 구분 없이 아파트의 색채는 변함이 없으며, 개인주택을 비롯한 건물들의 색채는 통일성을 찾아보기 힘들다. 오히려 70~80년대에 급격하게 늘어났던 빨간 벽돌주택들이 정겹게 느껴질 정도다.

　여기에는 외부공간의 소유개념에 대한 의식차도 크게 영향을 미친다. 유럽이나 미국 등 서구 선진도시들의 경우 외부공간은 개인소유라도 공공소유로 인식하여 철저한 규제와 관리로 색채를 제한하는 반면, 국내에서는 경관법이나 지자체의 한정적인 조례가 있기는 하나 경관색채를 직접적으로 제한할 수 있는 규제가 많지 않고, 아직도 외부공간이라도 철저하게 개인소유공간으로 인식하는 경향이 강하게 남아 있다. 더 큰 문제는 외부공간정비에 시민참여를 유도할 수 있는 기본적인 기준이 존재하지 않는 경우가 많은 것이다. 전통적인 건물을 중심으로 지속적으로 거리경관을 관리하는 서구의 경우, 각 지역마다 독특한 색채가 존재하고 주민들 사이에 자연스럽게 기준색에 대한 의식이 자리 잡고 있다. 하지만 우리의 경우 전통적인 색의식의 맥락 자체가 일제강점기와 새마을운동 등의 근대화의 과정을 거치며 소실된 상태에 가깝기에 어떠한 색을 기준으로 외벽을 정리해야 할지, 어떤 소재를 사용해야 할지에 대한 기준이 부재한 상태다. 이런 상황에서는 시민들이 도시의 색채경관정비에 참여할 수 있는 어떠한 통로도 없다고 할 수 있다.

지역경관의 자원을 이해하기 위한 다양한 워크숍

7. 대안 – 기준의 정비와 다양한 소도구

그러나 최근 지역에 따른 경관차별화전략이나 특화거리정비 등에서 경관색채를 지역개성화의 중요한 측면으로 바라보는 시각이 확대되고 있으며, 간판색의 정비와 같은 시민의 요구도 확산되고 있는 등 경관의 개선에 대한 국민적인 관심이 높다고 할 수 있다.

이에 국내 도심을 비롯한 경관의 색채정비를 위해서는 우선, ① 기준의 작성, ② 개성적인 도시경관색채의 고려, ③ 구체적 방법론의 대안 제시, ④ 연속성과 통일성의 배려, ⑤ 주민참가의 배려가 필요하고, 여기에 현시대의 공간과 사람에 맞는 적합한 색채정비의 방향을 제시할 전문가, 행정, 시민이 함께 노력할 필요가 있다. 그리고 무조건적인 외국의 색채디자인을 우리 도시에 적용하기보다는 도시마다 지역적 특성과 현실에 맞는 개성적인 색채디자인의 방향을 고민하는 것이 무엇보다 중요한 관점이라고 하겠다.

이탈리아의 색채전문가가, 자신들은 선조들이 쌓아 놓은 노력 덕에 편안히 돈을 번다고 생각한다는 이야기는 앞으로 도시의 경관과 색채를 정비하고자 하는 사람만이 아닌 우리 모두에게 시사하는 바가 크다.

이상으로 경관색채의 기본적인 개념과 구성, 지역성을 배려한 경관색채의 방향, 문제점 등을 점검해 보았다. 다음 장에서는 국내 도시환경에서 경관색채를 정비하기 위한 구체적인 내용을 국내외의 사례를 중심으로 이야기해 보고자 한다.

톨레도 – 세계유산으로 지정된 톨레도는 도시 전체와 부분이 안달루시아 지형과 조화된 통일된 색채환경을 이루고 있다(스페인).

카와사키의 주거지의 풍경(일본)

03 경관색채계획의 구성

1. 경관색채계획 방법론 – 경관색채의 주요구성

도시의 경관색채를 아름답고 개성 있게 만드는 일은 사람의 움직임, 공간의 역사, 도시구성의 특징, 지형, 문화, 도시가 나아가야 할 방향까지 고려하는 섬세한 작업이다. 도시색채를 어떤 방향으로 계획하는가에 따라, 도시가 즐거운 표정이 될 수도, 우울해 질 수도 있으며, 쾌적해 질 수도, 외로워질 수도 있다. 그러기에 경관색채는 어느 한쪽만 편중되게 다루어서도 안 되며, 도시경관의 현황에 대한 정확한 평가와 함께 도시이미지에 대한 장기적인 관점과 정비를 위한 기술을 요구한다. 특히 국내에서는 아직도 경관색채계획을 이해하는 데 있어, 경관의 일부요소에 대한 색채디자인만을 지칭하는 견해가 있으나, 외관디자인에 대한 작업 이외에도 경관색채를 관리^{경관색채 프로세스}하고 지도하는 것^{경관색채 메니지먼트}까지 포괄하는 폭넓은 분야며, 작업에 있어서도 경관을 전체적으로 이해하는 시각의 접근을 요구한다.

이에 본 장에서는 조화로운 국내외의 경관색채의 사례를 통해 경관색채의 관점을 정리하고 조화롭고 개성적인 경관색채를 만들기 위한 방법에 대해 이야기해 보고자 한다.

1) 연속성(sequence)

조화로운 경관은 기본적으로 색채의 연속성을 요구한다. 경관은 건

경관의 색채이미지

연속성(sequence)

다양성(variety)

연속성(sequence)

각 도시의 경관색채이미지는 소재특성과 도시문화와 역사에 따라 지향하고자 하는 배색유형이 있다. 동일배색을 지향해온 도시가 있는가 하면, 대조배색, 유사배색으로 경관의 연속성을 형성시킨 도시가 있다. 각각 방법과 형성과정은 다르지만 지역의 풍토에 적합한 공간형성을 위한 사람들의 의식이 반영되었다는 점에서 조화롭다는 공통점이 있다.

축물, 자연, 사람, 인공물, 시설 등 눈에 보이는 환경적인 요소부터 문화와 풍토 등 눈에 보이지 않는 내면적인 요소까지 포괄하는 복잡한 것이나, 전체와 부분의 인공적, 자연적 요소의 정리를 통해 시각적으로 정의할 수 있다. 마치 사람의 몸이 살과 피, 뼈, 마디의 요소와 얼굴, 팔, 다리, 배, 가슴으로 구분할 수 있듯이, 경관 역시 전체와 부분의 결합으로 해석할 수 있다.

이에 대해 도시디자인을 체계적으로 정리하고 개척한 미국의 도시계획가 케빈 린치 Kevin Lynch는 1960년에 발표한 저서 『도시의 이미지 The image of the city』에서 도시를 구성하는 시각적인 요소를 환경적 이미지로 정의하고 그 성분을 개별성 identity, 구조 structure, 의미 meaning라는 세 가지 특성으로 분류했는데, 그는 이 저서에서 도시를 보는 중요한 공간적 개념으로 공간의 연속적인 시선의 변화 sequence를 제시했다. 즉, 도시는 도시를 구성하는 부분과 부분이 모여 이루어진 결합이고, 그 이미지는 연속적인 변화의 체험을 통해 이미지로 인식된다는 것이다. 이는 도시경관의 색채구성에서 기본적으로 연속성을 요구하고 부분과 전체의 관계가 조화로울 때 미적으로 탁월한 경관이 된다는 것을 의미한다. 그럼 몇 곳의 경관사진을 통해 색채의 연속성이 실제의 도시에서는 어떻게 표현되고 있는가를 살펴보자.

다음 사진들은 독일과 프랑스, 스페인 등의 유럽과 일본에 경관정비가 잘 되어 있는 도시의 중심거리풍경이다. 튜빙겐은 강을 끼고 형성된 다양한 색채의 건물군群들이 있고 거리 곳곳에는 고채도의 색상을 가진 상징적 조형물, 보도, 다리, 표식이 있으나 어느 것도 전체의 경관특징을 해치지 않고 조화로우며, 색채의 연속성을 보면 채도와 색상은 다양하나 명도에서 통일성을 가지고 있다.87쪽 上 포츠담과 슈투트가르트의 중심가는 지역 소재의 통일성과 더불어 약간의 색채변

03 경관색채계획의 구성 87

튜빙겐의 중심거리(독일)

슈투트가르트의 중심거리(독일)

포츠담의 중심거리(독일)

화가 있더라도 중심소재의 사용과 YR계통 색상의 주조색을 통해 통일감을 형성하고 있다.87쪽 中, 下

지역에서 생산된 석재로 건물외관이 통일되어 있는 파리의 시가지 역시 전체색채의 통일성을 유지하고 있으며, 심지어 파리외곽의 라데팡스와 같은 신도심에서조차 중심거리는 지역색의 연속성을 유지하며 전통적인 도시미관이 룰을 계승하고 있다.89쪽 上

베를린의 전후 도시정비에서도 전통적인 도심경관의 연속성이 중심이 되어 있으며, 포츠담 광장과 같은 신도심개발의 경우에도 개성적인 표현이 강조되고 있으나 주변 건축물과의 조화성이 우선적으로 고려되고 있다.89쪽 下

가까운 일본의 전통도시의 정비에서도 건축양식만이 아닌 벽면과 지붕, 문 등의 요소에 지역의 색채조사결과에 의한 지역의 색을 반영하여 경관의 연속성을 살려 나가고 있다.91쪽

물론 이러한 각 거리의 풍경은 관광객들을 위해 만든 곳도 아닌 지금도 일반시민들이 일하고, 거닐고, 마시고, 즐기며 일상적으로 생활하고 있는 공간이다.

예로 든 대부분의 도시들은 전후의 도시개발에서 심각한 전통의 파괴와 정체성의 상실 등 문제를 겪었으나, 지역성과 조화된 도시를 만들기 위한 지속적인 노력을 통해 지금의 경관을 만들어 왔으며, 유럽의 경우 현재에도 도시개발에 있어 현대미美와 전통미美의 조화는 경관형성의 중요한 화두다.

이러한 도시들은 각 나라마다, 도시마다 그 특성에 따른 이미지를 가지고 있으나 그 속에는 보는 사람으로 하여금 매력을 느끼게 하는 몇가지 공통점이 있다. 그것은 그 지역경관의 개성적인 소재와 색채에 의한 '연속성sequence'이 있다는 것이다. 도시의 경관색채는 이렇듯

03 경관색채계획의 구성 89

파리의 중심거리(프랑스)

베를린의 창스지구의 신도 정비구역(독일)

부분적인 요소건축물, 시설물, 수목, 안내판, 조명, 자연환경 등의 경관요소가 갖는 색채들이 전체적으로 유기적 연관성을 가지며 형성된 이미지의 집합체다. 사람들은 이러한 작은 경관의 색채요소의 연속적인 전개를 통해 큰 도시의 표정, 이미지를 파악해 나간다.

여기서 경관색채이미지에 관계하는 요소를 아래의 그림과 같이 정리할 수 있다.

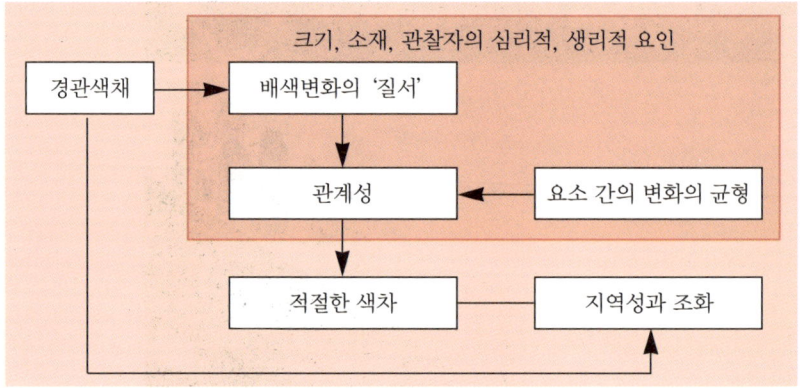

경관색채요인의 관계도

우리가 일반적으로 경관색채의 연속성을 이미지로 파악하는 데는 위의 다양한 관계요소들이 작용한 결과다. 눈에 보이는 경관요소는 실제경관을 구성하는 큰 부문의 일부에 불가한 것이다. 흔히 매력적이라고 말하는 경관의 색채이미지는 이러한 관계성 위에 색채의 변화가 지역성을 기반으로 적절한 배색관계를 가지고 균형을 유지하는 상태라고 말할 수 있다. 그리고 연속적인 균형관계는 지역과 공간의 특성에 따라 달라지며, 위의 경관사진들을 물리적으로 분석해보면 건축요소의 주조색 변화가 일정한 연속성의 룰을 철저히 지키고 있는 것을 알 수 있다.

치바현 사와라시의 중심거리(일본)

사이타마현 카와고에시의 중심거리(일본)

2) 리듬감(rhythm)

경관의 이미지를 개성 있고 매력적인 곳으로 받아들이는 것은 작은 부분들이 적절한 색차에 의한 변화와 균형을 유지하여 전체적 이미지를 형성하고 있기 때문이다. 이것을 경관색채의 리듬감이라고 한다. 우리가 경관에서 색채를 느끼는 것은 표면적인 물리적 색채와 소재특성에 대한 반응이다. 그 반응은 색의 차이에서 느껴지는 이미지에 의해 순간적으로 우리가 텔레비전을 보고 빛의 움직임을 실제 화상의 변화로 받아들이듯 전해져오기에 항상 그것을 고정된 것으로 분석하기는 어렵지만, 인간의 눈은 자연스럽게 그 전체의 이미지가 좋은지, 나쁜지를 판단한다. 이 리듬감은 음악의 리듬과도 같이 강하기도 하고 약하기도 하다. 예를 들어, 짧은 시간에 많은 전달력을 필요로 하는 개성이 강한 거리일 경우에는 강한 리듬감의 배색을 공간에 부여하고, 안정적이며 편안함, 쾌적함을 요구할 때에는 강한 변화보다는 완만하고 부드러운 리듬감을 부여한다. 일례로, 프랑스의 스트라스부르 91쪽를 보면 알 수 있듯이, 연속적인 경관임에도 한 곳은 많은 색상변화로 강한 리듬감을 주나, 옆에 이어진 가로의 파사드는 색차를 거의 주지 않은 변화 없는 단순한 리듬으로 인해 통일감을 느끼게 한다.

이렇듯 경관색채의 리듬감은 경관이미지를 좌우하는 중요한 요소다. 한 지역을 개성있게 만들기 위해서는 이러한 공간의 리듬감을 어떻게 연출할 것인가가 중요하다.

그럼 유럽지역에서 개성적인 경관을 만들기 위해 진행한 색채연구에서 공간의 색채분석의 결과물을 한 예로 들어 보자.

95쪽 위 그림처럼 건축물을 나열해 보면 보통은 자연스럽게 눈으로 인식되는 것이다 그 경관의 주조색이 어떤 식으로 전개되어 있는지, 주요한 색채변

스트라스부르의 중심거리(프랑스)

화 요소는 무엇인지가 파악된다. 우리 주변의 공간도 마찬가지다. 이 지역은 전통적인 건조물이 비교적 잘 보존되어 있어 색상과 명도의 변화는 적으나 채도의 변화를 통해 리듬감을 부여하고 있다는 것이 파악된다. 이것은 한 거리의 예에 불과하지만 이것이 도시전체로 확장되면 그 도시의 색채이미지가 되는 것이다. 경관색채의 연구에 있어서도 이전에는 '점적'인 연구방법즉, 한 지역의 경관색채를 조사함에 있어 지역에 분포하는 대표적인 건축물이나 다리 등의 건축요소에서 색채를 취합하여 경향색을 산출하는 것이 일반적이었다면, 지금은 '면적'인 방법경관의 연속적인 리듬감을 공간적인 면으로 이해하여 물리적으로 분석하는 방법으로 바뀌어 나가고 있다. 이러한 경우 대표적인 건축물 이외의 전체적인 경관색채의 문제점과 특성이 파악되는 장점이 있다.

3) 다양성(variety)

연속적 통일감과 더불어 개성적인 경관을 위해서는 작은 부분의 색채변화가 필요하다. 통일감이 높고 변화가 없는 경관이라도 작은 공간의 색채변화를 통해 개성적이고 매력 있는 공간으로 만들 수도 있다.

95쪽 가운데 그림은 고명도의 색채로 통일된 가로의 윗부분을 화려한 천으로 장식하여 활기를 높여 나간 스페인 솔 역驛 주변의 거리고, 95쪽 아래 그림은 스투트가르트 미술관의 회화관 입구에 고채도의 악센트를 가하여 항상 새로운 표정을 부여한 경우다. 이러한 풍경처럼 외벽 주조색의 변화는 없고 통일되어 있으나 창과 지붕과 꽃 등 장식의 색채변화를 통해 표정을 풍부하게 할 수도 있다. 강조색이 차지하는 면적은 적으나 연속해서 전개된 도시공간에서는 활기를 불어넣으며 표정에 생동감을 전해주는 등 그 역할이 크다.

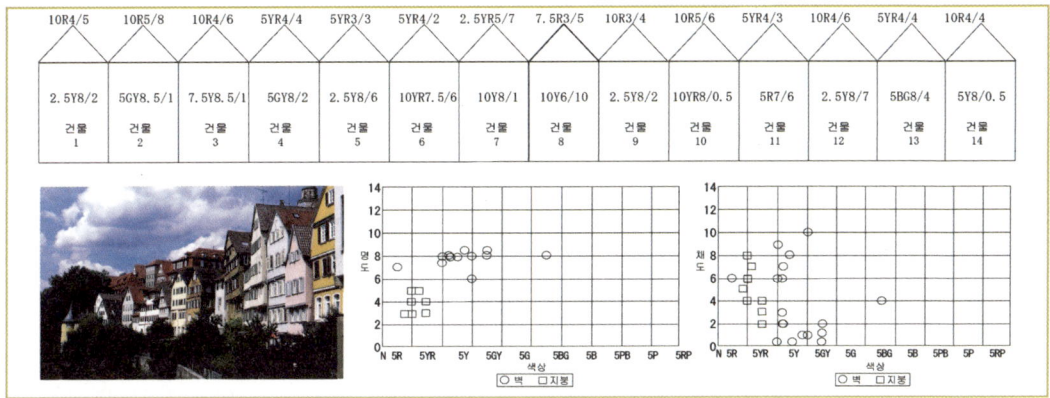
튜빙겐 중심거리의 주조색의 분포와 연속적인 배색(독일)

마드리드의 중심거리(스페인)

스투트가르트 미술관의 회화관 입구(독일)

시내 곳곳에 놓여 있는 조형물은 도심의 연속성과 개성을 증가시키며, 화분과 꽃, 차양, 작은 수목으로 건물의 외벽이 장식된 풍경은 길을 걷는 이들에게 풍부한 표정을 제공하여 쾌적한 환경을 조성하는 데 일조한다.96, 97쪽 上 이러한 장식들은 약간 강한 색채를 가진 경우도 많지만 전체의 균형을 앗아가는 경우는 드물다. 심지어 간판의 경우도 지역에 따라 색채가 다르며, 체인점 간판의 경우도 자체 브랜드 색보다는 주변경관에 맞추어 조절한다.97쪽 下 우편함과 소화전도 일반적인 색채보다는 경관의 연속성을 강조하여 지역과 조화된 색으로 디자인 자체를 바꾸는 경우도 많다.98, 99쪽

이러한 부분의 색을 사용할 때도 경관의 전체적 연속성을 고려하여 주변과 조화된 색으로 컨트롤하게 되면 경관의 개성과 매력을 높인다. 그러나 이러한 색사용은 신중한 검토를 요구하며, 주변과의 섬세한 조절이 필요하다.

베를린 시내의 조형물 사진(독일)

스트라스부르의 건물풍경(프랑스)

교토시의 중심가(일본)

효고현 타카야마의 우편함(일본)

효고현 타카야마의 자동판매기(일본)

03 경관색채계획의 구성 99

효고현 타카야마의 소화전(일본)

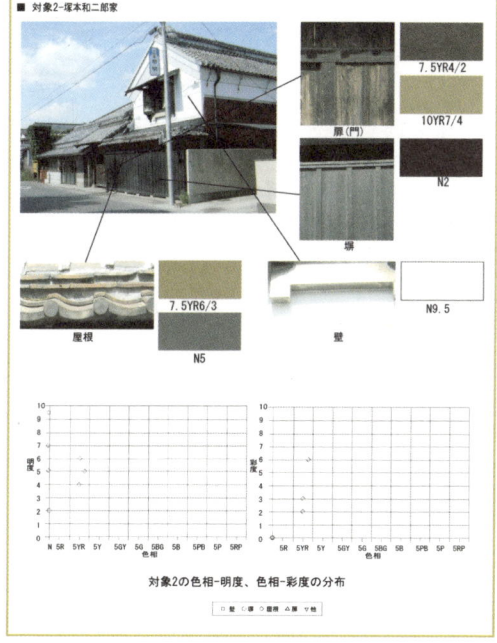

전통건조물의 색채와 소재의 특징을 정리해 나간다(일본 마카베시).

4) 자연과 소재(Nature Material)

도심주변의 자연공간은 색채의 풍요로움을 가져다준다. 녹색은 그 자체만으로 사람에게 안정감과 평온함을 주며 색채며, 정기적인 관리만으로도 그 도시의 개성을 나타낼 수 있는 훌륭한 요소다. 높은 나무는 고층건물과 상가로 복잡해진 도심에 정리된 안정감과 연속성을 주고, 공간을 순화시키는 역할을 한다. 꽃의 다양한 색채와 길게 늘어선 가로수나 길가에 정비된 수목은 아스팔트의 회색에 활기를 불어 넣기도 한다. 녹색은 어디서나 공간과 쉽게 어울릴 수 있는 장점을 가진 반면, 계절의 변화에 따른 주변경관 색채계획에 배려가 필요하다. 특히 지역도 도심이 어떠한 축에 위치하느냐에 따라, 또한 지역공간이 어떤 특징을 가지는가에 따라 녹색의 범위와 사용법이 달라져야 하며 지역의 기후와 풍토에 대한 고려도 필요하다.101쪽 1, 2 여기서 주의할 점은 인공물의 색채는 철저히 자연요소를 살릴 수 있도록 부분과 전체의 관계성에 따라 그 색의 강도를 낮추어야 한다는 점이다.

소재는 그 자체로도 경관색채의 특징을 규정하는 부분이자 도시이미지를 좌우하는 큰 역할을 한다. 때문에 건축외관만이 아닌 상징물이나 다리, 공공시설, 휴게시설, 공원 등의 외부경관요소에 지역의 소재를 반영하는 것만으로도 자연스럽고 개성적인 경관색채의 상승효과를 얻을 수 있다.101쪽 3 특히 지역성과 관련해서는 철저하게 지켜져야 하는 항목이기도 하다. 우리가 의상을 통해 그 사람의 성향을 알 수 있듯이 소재는 그 의상의 소재와도 같은 것이다.

앞에서 언급된 요소 외에도 경관을 구성하는 부분적인 색채요소는 무수히 많다. 사람과같이 움직이는 요소 역시 경관색채의 중요한 부분이다. 눈에 보이는 의상의 색채부터 거리의 소리나 냄새와 같이 사람이 모이고 만들어 내는 행위 자체도 하나의 색채로 인식된다. 그것

1. 홋카이도의 삿포로 시내(일본)

2. 스투트가르트의 광장(독일)

3. 마시코의 공판장입구 벽면(일본)

4. 지역색채자원의 정리(일본 시모츠마)

은 한 사람의 무엇인가가 색채로 보여진다기보다는 풍경 중에 움직이는 작은 요소의 일부로 인식된다고 할 수 있다.103쪽 1, 2 자동차, 전철, 오토바이, 자전거 등 움직이는 운송수단 역시 경관이미지를 좌우하는 중요한 요소다. 이러한 요소들을 살펴보면 그 지역주민의 색채의식, 구성원의 성향, 도시의 분위기가 파악되는 등 도시의 이미지를 정하는 중요한 키워드가 된다.103쪽 3

이러한 부분적인 색채는 작음에도 불구하고 개성 있는 색채환경의 형성에 미치는 영향은 지대하다. 단적인 예를 들면, 무단횡단을 막기 위해 도로 가운데 설치한 노란색의 차단펜스는 강한 인지도로 인해 주변경관의 매력을 단번에 앗아가기도 하고, 도로 위를 달리는 과도하게 디자인한 버스의 색채로 인해 시각적 피곤함이나 쾌적함이 증가하기도 한다.103쪽 4

2. 경관색채계획 방법론 – 개성의 요소

그럼 이러한 사례와 함께 정리해 본 관점에 비추어, 개성 있고 조화로운 색채경관을 만들기 위해 필요한 방법의 요점을 정리해 보자.

1) 기준의 작성

한 지역이나 거리에서 경관색채를 형성하는 데에는 많은 시간과 노력이 필요하며, 그것을 진행하기 위한 근거기준가 요구된다. 유럽이나 미국, 일본 등 도시문화 선진국에서 경관색채의 정비가 용이한 것은 전통적인 도시문화와 그 이미지가 축적된 영향이 크다. 그것은 단지 건축물이 잘 보전되어 있는 것만이 아닌 지역에 적합한 색에 대한 공통된 인식이 남아 있는 것을 의미한다. 그러나 국내의 경우, 경관의

1. 하이델베르크의 중심거리(독일)

2. 튜빙겐의 중앙시장 풍경(독일)

3. 오사카시의 지역철도(일본)

4. 종각역 앞 보도의 풍경(서울)

색채정비를 진행하고자 해도 기준이 될 수 있는 공통된 의식의 기준이 없는 상태고, 이러한 상태에서 진행되는 개별적인 색채정비는 전체의 개성을 해치는 결과를 초래할 가능성이 높다. 특히, 근대화 과정에서 실종된 전통도시가 가진 색채의 위계와 질서는 이러한 문제의 해결을 더욱 어렵게 한다.

또한 도시는 한 번 형성되면 새롭게 바꾸는 데까지 많은 시간과 비용이 들며, 그에 따른 불편을 감수해야 하기 때문에, 현재의 경관에 대한 물리적인 평가와 더불어 지역의 전통적 색채에 대한 조사, 분석을 통해 각각의 경관특성에 맞는 색채정비의 기준마련이 필수적이다. 1장에서 강조했듯이 전통적인 경관색채는 지역의 자연특성에 적합한 소재와 양식을 가지고 만들어진 것이기에 경관색채정비에 효과적인 척도를 제공한다.

2) 개성적인 도시경관을 고려

지역의 경관에서 개성적인 색채는 지역의 문화와 역사, 지역의 지리, 공간특성, 지향점에 의해 반영된다. 이러한 경관색채의 형성을 위해서는 우선 색채기준에 준하여 도심전체의 경관색채의 방향을 설정하고, 각 부분에 어떠한 색채분위기를 부여할 것인가에 대한 세밀한 디자인방안의 작성이 필요하다. 최근 국내의 일부 지자체에서 진행되고 있는 경관색채계획의 경우처럼 기준이 될 색채의 방향이 미흡한 경관색채계획은 다른 지역과는 차이가 없는 평범하고 단순한 도시를 만들기 쉽다.

또한 도시 전체의 경관계획과의 연계 역시 중요하다. 이것은 색채계획을 도시의 경관계획과 밀접히 연관시켜 통일성 있는 방향으로 진행될 수 있게 한다.

마드리드의 시가지 풍경(스페인)

요코하마의 중심시가지(일본)

인사동

서울시청 앞

서울시내의 거리풍경

서울시내의 거리풍경

3) 구체적이고 창의적인 대안의 제시

매력적이고 개성적인 경관의 색채는 단순히 조례를 만들고 가이드라인을 만드는 것만으로는 이루어지지 않는다. 그것을 진행하기 위한 구체적인 색채디자인방법을 제시하여야 한다. 일반적으로 만들어진 가이드라인 자체는 규제나 지도를 위한 규칙은 될지라도 그 자체가 경관을 바꾸는 대안은 아니기 때문이다. 아무리 훌륭한 디자인 지침이 있더라도 뛰어난 디자인은 디자이너의 감성과 숙련된 기술, 디자인이 사용되는 용도와 장소에 대한 이해에 의해 만들어지는 것과 같은 이치다. 이를 위해서는 그 도시가 어떠한 지역성을 가지고 있고 현재 경관의 특징은 무엇이며, 앞으로 경관을 어떠한 식으로 만들어 나아가야 할지에 대한 대안이 필요하고 구체적인 이미지가 나와야 한다. 그 후 구체적인 이미지를 만들기 위해서는 어떠한 주조색이 필요한지, 또 어떠한 배색이 조화로운지, 각 경관요소에 맞는 색채를 어떤 식으로 전개해 나아가야 할지를 정해야 조화롭고 개성 있는 경관이 될 것이다.

4) 연속성과 통일성의 배려

이것은 이 책이 처음부터 계속해서 이야기하고 있는 내용이다. 사람들은 일부분만 가지고 지역을 평가할 수도 있지만 대다수는 걸어가며 자연스럽게 경관색채의 이미지를 받아 들인다. 이것은 전체적으로 그 사람이 걸었다는 행위에서 느껴지는 것이다. 걷는다는 것은 하나의 부분적인 즐거움도 필요하지만 전체적으로 경관을 인식하고 그 도시의 이미지를 색채를 통해 받아들인다는 것을 의미한다. 약간의 차이가 있겠지만 대부분의 사람들은 이러한 일련의 과정을 거쳐 경관색채를 인식하고 이것이 경관색채구성에 있어 연속성과 통일성이 요구되는 이유다. 그리고 일부에서 제기하는 개성상실의 우려에 대한 문제가 있는데, 비약이지만 이렇게 생각하면 어떨까. 같은 브랜드의 청바지를 입고 가방을 들고 셔츠를 입고 미용실에서 유행하는 헤어스타일을 하며 자신이 굉장히 개성적이라고 생각하지만 전체로 볼 때 그런 사람들이 넘쳐나는 곳에서 그것을 개성이라고 말할 수 있을까. 다른 곳에 있는 공간을 그대로 재현하고, 전통적인 건물을 밀고 그 위에 초현대식 건축물을 짓는다고 그것을 개성적이라고 말할 수 있을까. 개성은 통일성과 연속성의 기반 위에 나오는 것이고, 거리의 다양한 표정 속에서 전체가 조화롭게 형성된 공간의 색채이미지는 부분의 무질서함에 쉽게 무너지지 않는다.

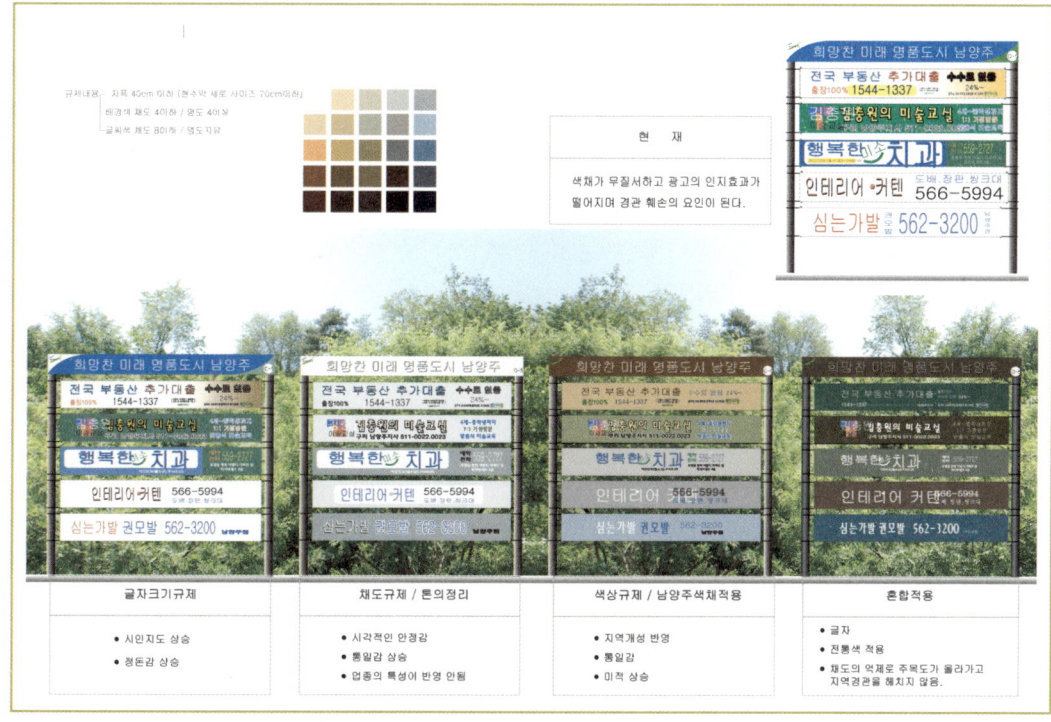

현수막 게시대의 색채실험과정 - 크기와 채도의 적정 정도를 파악해 나간다.

5) 주민참가의 배려와 전문가의 참여

　경관정비에서 선진국의 공통적인 경향은 시민단체의 강한 영향력을 들 수 있다. 미국의 도시계획에서는 단지 공청회나 조사에 응하는 수동적인 수준이 아닌 전문 디자인 어드바이저와 법률자문단까지 고용하여 법률에 관한 세부적인 부분까지 관여하는 적극적인 참여의 형태를 띤다. 도시정비에 필요한 구체적인 자료를 요구하며 자신들의 디자인 요구를 정책적으로 관철해 계획 자체를 무산시키기도 하고, 시민을 배려한 안으로 변경시킬 정도로 막강한 힘을 발휘한다. 단지 요구하고 비판만 하는 것이 아닌, 구체적 대안을 제시할 수 있도록 제도적 장치가 마련되어 있고 시민의 성숙된 의식이 이를 뒷받침한다. 경관이 그 지역의 수준을 반영한다는 것도 여기서 나온 말이다. 다행히 국내 시민단체의 영향력과 전문성도 이전에 비해 높아지고 있으며, 특히 인터넷을 중심으로 시민의 참여가 적극적으로 이루어지고 있기는 하나 아직까지는 제한적이며, 열린공간에서의 능동적인 참여가 더 필요한 실정이다. 또한 개개의 건물은 개인의 소유일지라도 그 외관은 도시를 구성하는 중요한 요소로서 공공의 범주에 속한다는 의식을 확대할 필요가 있다.

　행정 주도의 계획은 하드웨어적인 부분의 변경은 가능해도 사람들이 공감할 수 있는 색채분위기를 만들기는 어려우며, 따라서 장기적인 경관색채의 미적 발전을 위해서는 시민감성의 성장과 참여를 이끌어 낼 제도적 장치가 필요하다. 이를 위해서는 지역의 색채를 계획하고 수립하는 과정부터 시민을 대상으로 색채의식 조사를 실행하고, 실행과정에 주민이 참여할 부분에 대한 길을 열어 놓는 방법이 필요하다. 또한 경관색채전문가는 기획안을 만들고 디자인안을 제출하는 것으로 끝나는 것이 아닌 지역주민과의 지속적인 만남으로 구체적인 대안을 제시하여야 하고, 지도, 관리하는 방법까지 담당하는 '경관색채 어드바이저' 방식의 전문성을 통해 참여를 확대해 나가야 한다.

그러나 전문가의 역할은 어디까지나 그들의 잠재력을 이끌어낼 수 있는 '징검다리'와 같아야 한다. 시민과 계획, 행정 사이에서 가교역할을 하며, 그들의 경관에 대한 색채의식이 성숙할 수 있도록 이끌어 주는 역할이 되어야 하며, 경관색채의식의 창의적인 성장이 저해받지 않고 지속될 수 있도록 획일적인 계획에서 탈피하는 것이 필요하다.

도로경관디자인 국제심포지엄의 풍경 - 수준높은 논의를 통해 디자인의 질적 향상과 지역민의 공감을 얻을 수 있다.

04 경관색채계획의 관점과 진행

　경관색채계획을 도시 속에서 실천해 나가는 데는 많은 시행착오와 다양한 사람들의 노력, 장기적인 계획과 인내심이 필요하다. 흔히 경관색채계획이라면 몇 가지 색으로 가이드라인을 제시하거나, 색채디자인의 입면작업을 하는 것으로 한정적으로 생각하기 쉽다. 그러나 경관색채계획은 색채를 이용하여 도시의 색과 공간의 특징과 개성을 장기적이고 종합적으로 만들어나가는 프로세스자 도구다. 그리고 이러한 인식이 결여된 1차원적인 색채디자인의 직접적 피해는 그 도시에 살고 있는 사람들이 입게 되므로, 모든 계획에는 신중하고 다양한 검토가 필요하다.

　이 장에서는 실제 경관색채계획의 전개방법, 경관색채계획을 해 나가기 위한 구체적인 프로세스 및 관점, 새로운 경관색채디자이너상을 지역경관개선 실천사업을 중심으로 정리해보고, 각 단계에 필요한 관점을 정리해 제시하고자 한다.

　여기서 전개하는 내용은 기본적으로 도시전체를 대상으로 하고 있지만, 작은 공간개념으로 축소하면 일반적인 건축물이나 시설물의 계획에도 모두 적용할 수 있는 내용이며, 이 적용범위는 사용자들의 이해에 달렸다.

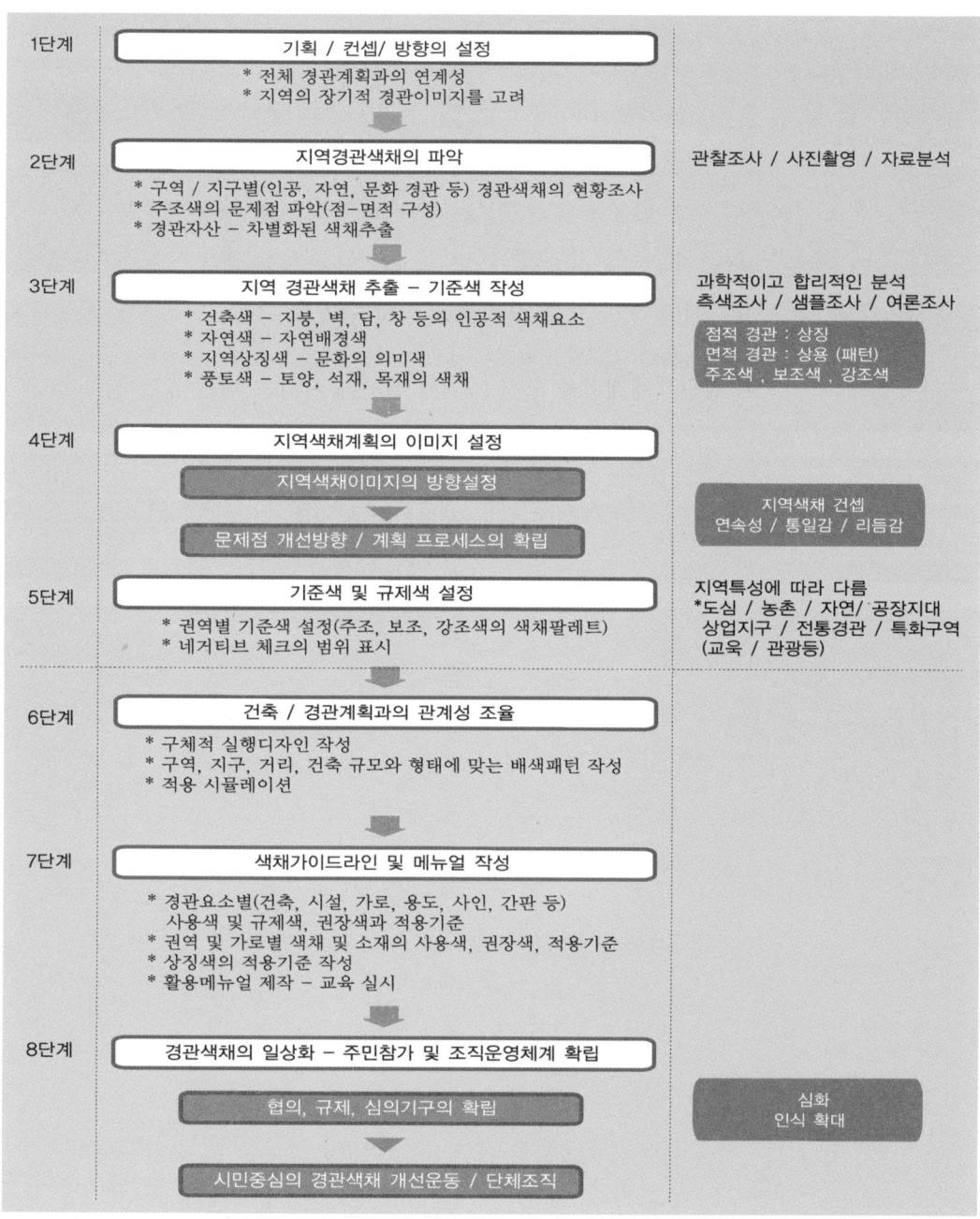

경관색채계획 진행도 - 일반적인 진행방법이나 필요한 단계만을 적용할 수도 있다.

1. 경관색채계획의 관점

계속 이야기해 왔듯이 경관색채의 아름다움은, 다른 곳에서 느낄 수 없는 그곳만의 색채에서 개성을 느낄 때, 그리고 경관의 각 요소들의 색채가 일정한 조화로운 상태에 달해 있을 때 전해진다. 국내외를 막론하고 어떤 도시를 거닐 때, 아름다움을 느꼈던 거리를 상상해 보라. 예외 없이 다른 곳에서는 느낄 수 없는 독특한 향기를 전해주고, 정돈되어 있든지, 수많은 색으로 장식되어 있든지 어떤 시각적 이미지의 전달이 강한 것을 알 수 있다. 그것은 자연발생적인 형태이건 인공적인 형태이건, 잘 구성된 영화의 스토리가 사람에게 감동을 전해주듯이 잘 구성된 도시의 스토리가 시각적 이미지에 영향을 준다. 주인공이 있고 엑스트라가 있으며, 배경과 기승전결의 구조가 존재한다. 경관의 색채이미지도 마찬가지다. 도시의 감동을 전해주는 주인공이 되는 색채가 있고 그를 뒷받침해주는 색채가 있고, 상승하는 공간과 하강하는 공간, 지루하게 연결된 공간의 색채가 있다. 그것이 전체적으로 짜임새 있게 조화를 이루면 그 공간의 색채는 아름답게 된다. 그럼 하나의 영화를 만들듯, 교향곡을 작곡하듯 경관색채의 구성법에 대해 생각해 보자.

1) 도시의 경관색채는 도시의 기반 위에 존재한다

경관색채계획를 고민하는 대부분의 경우 색채가 도시환경의 중심이라고 생각하기 쉽다. 그러나 그 색채 역시 도시라는 공간의 일부 구성요소일 뿐이라는 것을 이해해야 한다. 그것은 색채계획을 행하기 전에 항상 도시라는 기반에 대해 면밀히 파악해야 하며, 그 구조 속에서 색채를 어떻게 배치시켜나가야 할지를 고민해야 한다. 그러한 단

하이델베르크의 정경 - 자연의 녹음과 강, 건축물이 아름다운 조화를 이루고 있다. 도시의 색은 이렇게 자연과 도시구조의 흐름을 기반으로 만들어진다(독일).

하회마을의 거리풍경 - 지금은 많이 훼손되었지만 소재와 건축물의 리듬감이 연결되어 풍부한 지역성을 가지고 있다.

계를 거쳐 경관의 색채이미지의 구체적인 상을 그려나갈 수 있다. 특히 최근에 색채에 다양한 변화를 주어 도시공간을 바꾸어 나가는 것을 먼저 고려하려는 경향이 강하지만 무채색도 색채의 일부라는 점, 색채를 넣지 않고 기존의 색채를 제거하여 색채의 통일성을 강조하는 점 등의 색채디자인 행위의 전환이 필요하다. 칠하는 것, 입히는 것은 색채를 장식하는 하나의 도구며, 결국 사람들의 눈은 보이지 않는 공간 분위기의 색채까지 포함하여 전체적인 개념으로 색채이미지를 받아들인다.

도심속의 작은 콘서트 – 공간에 음악과 함께 새로운 분위기를 연출한다.

2) 색채는 사람들의 활기로 만들어진다

도시가 그 공간을 살아가고 있는 사람들의 역사를 보여주는 장이듯이 색채는 그 사람들의 공간색채에 대한 의식을 보여주는 산물이다. 그래서 색채계획에서는 사람들의 움직임, 지향하는 이미지에 대한 정확한 조사가 필수적이다. 건축과 시설 등의 인공물의 색채는 그 사람들의 움직임을 지탱하는 토양과 같은 것이다. 따라서 사람들이 무엇을 지향하는지, 무엇을 소중히 여기는지, 그것을 통해 어떠한 이미지를 가져야 할지를 알게 하는 것 역시 색채의 방향을 정하는 축이 될 수 있다.

일본 신주쿠 역 - 활기가 필요한 곳에는 화려한 색채도 필요하다.

3) 사람들은 걸어 다니며 경관의 색채를 파악한다

도시는 걸어다니는 행위를 통해 인식된다. 차에서 보는 풍경도 그러한 하나의 움직이며 보고 느끼는 수단이며 길은 하나의 악보와 같은 것이다. 올라가기도 하고 내려가기도 한다. 거리를 상상해보라. 길 위에 놓인 건물과 보도블록, 가로등, 녹색의 수목이 있고 벤치가 있기도 하고 그 위를 걸어가는 수많은 사람들이 있다. 경관 전체의 색채정보는 이러한 움직이는 요소와 고정된 요소가 합해져서 인식된다. 그 높낮이와 강약은 사람에게 일정한 주파수로 전달되고, 그 주파수가

적절한 리듬감을 가지고 있을 때 보는 사람들에게 조화로 인식되는 것이다. 점적인 방법으로 지역의 주요 색채경향을 파악하는 것도 중요하지만, 선적, 면적인 방법으로 연속적인 색채경향의 이미지를 파악해 나가야 할 이유가 여기에 있다.

스튜트가르트의 거리풍경 - 이러한 걸을 수 있는 공간에서 느낄 수 있는 사람들의 활기는 눈에 보이지 않는 새로운 색의 의미를 가지게 한다. 그리고 걸어다니며 지도에서 느끼지 못하는 새로운 체험과 발견을 한다(독일).

4) 관계성을 정리한다

 경관형성은 관계성의 조화를 추구하는 것이다. 건물과 건물, 건물과 자연, 부분과 전체, 사람과 공간, 공간과 자연, 자연과 사람, 중심과 부근, 외곽 등 각각의 관계가 정립되는 가운데 지역의 색채가 파악될 수 있도록 유도한다. 모든 것이 주인공이 되어서도 안되고 도시전체의 구조관계를 고려하여 화려한 거리, 차분한 거리, 지루한 거리, 갑작스럽게 놀라움을 주는 거리, 즐거운 거리 등 철저하게 각각의 역할에 맞추어 공간의 색채를 만들어 간다. 때로는 복잡하고 오밀조밀한 재래시장의 화려함이 거리색채를 활기있게 하는 축이 될 수 있으며, 길게 이어진 오랜 거리의 차분한 색에서 느껴지는 정취가 그 거리의 색채이미지로 전달되기도 한다. 중요한 것은 어떠한 이미지를 전체적인 상으로 정하고, 관계를 정립해 나가는 가에 있다. 이렇듯 경관색채이미지의 형성을 위해서는 도시가 현재 가지고 있는 자연·역사·문화, 환경적으로 차별화할 수 있는 경관자원, 개성적이며 살려나갈 요소, 산업·경제적인 특징, 그 위에 향후 지향하고자 하는 도시의 방향에 대한 검토가 필수적이다.

2. 경관색채의 자원파악과 분석방법

 그럼 경관색채계획을 위한 경관색채자원의 조사·분석방법과 이의 활용에 대해 구체적으로 알아보자.

1) 시작 - 지역과 장소의 분석

 경관색채계획은 모든 상황, 모든 지역에서 적용될 수 있다. 그 범위는 도시 전체를 대상으로 할 수도 있고, 도시의 일부분, 심지어는 작

상하이의 남경로 – 현대와 근대를 조화시켜 발전해온 상하이에 중국스러움을 느낄 수 있다. 다양함 속에 작은 공간의 배치와 관계에서 그 장소의 정체성이 드러난다(중국).

은 간판이나 휴지통에서도 가능하다. 그러나 그 범위를 무엇인가 새로운 것을 만드는 것으로만 한정한다면 그것은 큰 오해다. 경관색채계획은 공간에 색채에 대한 새로운 내지는 특정한 의미를 부여하는 작업이다. 오래되고 낡은 것이라도 그 장소와 지역의 색채를 반영하는 가치를 지닌다면 유용하게 활용할 수 있어야 하고, 역사성이 없는 새로운 공간에서는 그 공간이 특징에 맞도록 새로운 역사의 첫 장을 쓴다는 마음으로 접근할 수 있어야 한다.

색에 대해 '10인 10색'이라는 말이 있듯이, 경관색채의 대상 역시 10곳의 도시가 있으면 10곳이 다른 색채의 접근법이 필요하다그러나 지나치고 억지스러운 것은 위험을 동반한다. 그리고 그 곳에 살고 있는 구성원의 특징 지역에 대한 애착을 가진 사람은 얼마나 되는가, 나이든 사람이 많은가, 아니면 젊은 사람이 많은가 등과 경제상황, 지형의 구조, 문화와 역사를 포함해서 남아 있는 자원의 현황, 도시디자인을 개선하고자 하는 의지 등 현황에 따라 또 다른 접근법을 필요로 한다. 물론 여기에는 경관색채를 코디네이트하고자 하는 전문가의 역량 역시 포함된다.

경관색채계획의 시작은 바로 이러한 공간의 물리적 조건과 사람들의 의지와 활동 등에 대한 인문·사회적 조건에 대한 기본적인 현황을 분석해 나가는 것부터 시작된다. 이와 같은 기본적인 분석은 심도가 깊으면 깊을수록, 많은 자료와 자원이 있으면 있을수록 도움이 된다. 그것이 그 지역과 장소를 이해하는 기본척도가 되기 때문이다.

경관의 색채를 계획하는 데 왜 이런 작업이 필요한가라는 의문이 들 수 있다. 분명히 말하건대 경관색채계획과 디자인은 결과적으로 그 곳에 살아가야 하고, 살아온 사람들의 의식의 문제고, 다른 도시디자인 작업과 함께 장기적인 지역활성화의 대안으로의 역할을 해나가야 하기 때문이다. 경관색채계획과 디자인은 표면의 장식적인 색을 만드는 것이 아닌 도시색채의 의식과 문화를 만드는 것이라는 사실을 항상 기억해야 한다. 기본적인 조사내용은 아래와 같다.

- **인공적인 요소**
  - 중요한 건축물, 건축물의 특징, 인프라의 정도, 지역산업
- **자연적인 요소**
  - 지역의 자연특징, 풍토와 기후, 지형, 생태, 하천
- **문화적 특징**
  - 전통적 풍습, 문화유산, 기질, 커뮤니티와 지역성
- **인적 요소**
  - 단체장의 의지정도, 책임자의 의식수준, 시민단체의 수준과 지

역에 대한 애착도, 시민리더의 유무, 행정수장의 의지, 행정과 시민, 전문가의 유대수준

위의 정리를 통해 활용할 수 있는 자원을 분류해 내고 각 요소들의 특징을 규정할 색채를 조사하는 것을 기본으로 한다.
색채조사에는 아래와 같은 내용이 필요하다.

- **전체적인 색채자원의 조사**
  - 중요 건축물의 주조색기조색 및 강조색
  - 지역 자연요소 : 토양과 수목, 하천 등의 주조색기조색
  - 중요거리 및 구역의 연속적인 색채변화
  - 문화적인 요소와 유산의 색채
  - 전통적으로 가치가 있는 요소의 색채
- **풍경으로서의 색채현황의 조사**
  - 중요거리 및 구역의 색채현황 및 주조색기조색 조사
  - 보존 및 보호구역의 색채현황 조사
  - 지역사람들이 생각하는 지역색채에 대한 기억 조사
  - 경관유형별 색채특성을 조사, 시설물, 건축물, 광고물 등

이상의 조사결과를 바탕으로 전체적으로 정리하면 지역의 환경색채의 문제점이 어느 정도는 윤곽이 잡히고, 활용할 수 있는 색채자원에 대한 파악도 가능하다. 이러한 작업에는 적어도 3개월 이상이 소요되며, 경우에 따라서는 일부분만 조사를 진행하고 작업진행에 따라 조사를 확대할 수 있는 방법도 있다. 그러나 계절의 변화까지 고려하고자 한다면 적어도 1년 이상 소요될 수 있다. 위의 내용은 원칙적인

것이며 더 추가될 수도, 제외될 수도 있다. 조사 역시 현황에 맞는 창조적 대안이 필요하다.

　무엇보다 강조되어야 할 것은 이 기본적인 조사과정을 얼마나 충실하게 하느냐가 경관색채계획의 성패를 좌우한다는 것이다. 지역의 풍토와 환경, 도심의 특성, 경관훼손의 정도, 활용 가능한 경관자원 및 색채자원 등의 파악은 현재 그 도시의 시각적 모습을 명확히 알게 하고 장기적 대안을 세울 수 있게 하기 때문이다. 그러나 아직까지 국내의 많은 지자체에서는 조사의 대부분을 관련 전문가에게 일임하거나 형식적으로 조사하는 차원에 그치는 경우가 많아, 조사량은 많으나 실제계획에 적용하기 힘든 백화점식 보고서구성이 되는 경우가 허다하다. 이러한 조사진행에 있어서 가급적 많은 사람들의 참여를 유도하는 것이 지역의 경관과 색채자산에 대한 인식확대에 도움을 준다.

　물론 이 같은 내용은 도시디자인의 전반적인 계획에 반영되는 요소이나 작업규모에 따라 일부분 또는 전체를 사용할 수 있다. 위의 기본적인 계획방향 및 색채자원이 마련되면 기본적인 환경색채디자인을 위한 준비가 되었다고 할 수 있다.

3. 경관특성의 분석방법

　도시경관색채를 계획하는 목적은 단지 아름다운 도시를 만드는 것보다는 살기 좋은 도시를 만드는 것에 있다. 살기 좋은 도시는 사람이 살기 좋은 환경을 갖춘 도시로서, 경제적 여건과 함께 도시를 구성하는 많은 부분과 부분이 관계성을 가지고 불협화음이 없으며 아울러 그 환경의 색채가 시각적으로 그 공간에 살거나 이용하는 사람에게 쾌적함을 제공하는 것을 의미한다. 그럼 살기 좋은 도시에

베를린 포츠담 광장의 풍경 - 새로운 건축물도 기존건축물과의 높이 색채의 조화관계를 중시한다. 전통의 기반 위에 현대를 공존시킨다(독일).

어울리는 조화로운 색채를 만들기 위해 필요한 기본적인 경관의 특성은 어떻게 파악되어야 하나.

1) 도시의 특성을 파악 - 역사와 문화

도시의 지형적 특성, 문화적 특징, 산업과 경제, 인구분포의 경향, 자연환경의 특성 등 도시를 정의할 수 있는 모든 요소를 정리하고 분석한다. 이러한 분석은 이 지역이 사회, 자연환경적으로 어떠한 색채배경을 가지는지에 대해 물리적으로 분석할 수 있다. 또한 이러한 분석이 도시를 구성하는 각 공간 축에 대한 색채방향을 세부적으로 진행할 수 있도록 해준다. 산업도시, 기업도시, 신도시인지, 역사도시인지 그 도시가 가진 특성의 구분에 따라 전체적인 색채계획이 달라진다.

여기서 도시의 현 상황에 대한 객관적인 평가는 각 공간의 문제점을 해결할 수 있는 색채의 대안을 만드는 근간이 된다.

2) 사람이 많이 다니는 거리

사람들이 모이고 찾아가는 곳은 공간의 매력이 존재하는 곳이다. 그러한 매력적인 색을 확장시키면 다른 곳과는 다른 매력의 다양성이 생겨난다. 도시에서 사람들이 많이 다니는 거리를 조사하여 그 공간의 색채특성을 파악하고 개선방향을 제시한다. 그 공간의 색채개선을 통한 랜드마크적인 구성은 지역이미지를 높여 나갈 수 있다. 여기에는 사람들이 지나다니는 풍경도 포함된다. 사람들이 붐비는 풍경 자체가 거리의 활기 있는 색이 된다. 그리고 그 공간의 특징을 색채로 면밀히 정리해 두면 도시 전체의 색채구성을 어떻게 만들어 나갈지 계획하는 데에 중요한 자료가 된다.

3) 특화자원을 분석

지역의 경관을 상징하는, 내지는 문화를 상징하는 자원을 정리하고 그 자원의 색채경향을 정리하면 지역의 경관구성요소별 색채의 특징이 파악되고 이것은 개성적인 경관색채구성의 표현요소로 활용될 수 있다. 색채의 특화자원에는 지역의 이야기와 설화, 상징적인 공간의 색채, 축제와 거리장식문화, 사거리에 서 있는 오래된 나무, 역사적 건축물과 공간, 예술품 등이 있다.

4) 자연특성을 이해

지역에 따라 자연공간의 색채가 다르고 이것은 배경을 좌우하는 중요한 요소다. 계절별 자연환경의 특성을 이해하고 그 배경이 될 건축물이나 시설 등과의 관계를 검토하라. 하천과 수목의 위치, 산의 역사

카와고에의 독특한 검정색조는 도시의 전통색채를 살려 도심을 가꾸어온 산물이다(일본).

와 형태 등의 지형적인 특징과 함께 풍수와 관련된 의미를 파악하는 것도 중요하다.

5) 구성원의 특성

도시에 거주하는 구성원의 특성, 즉 연령분포, 경제활동 인구, 성비, 구역별 거주자수 등은 각 거리의 색채를 배치하거나 주조색의 방향과 분위기를 결정하는 데 중요한 요인이다. 이러한 것들은 구성원의 라이프 스타일에 적합한 색채를 정하거나 구성원들이 색채계획에 참여하고자 할 때 참여방법을 고안하는 기준이 된다. 예를 들어, 오랫동안 거주한 지역민이 많은 곳은 지역의 전통적 색을 소중히 하고 그러한 것을 반영할 수 있는 자원의 조사를 면밀히 진행한다. 한편 젊고 새로 거주한 사람들이 많은 곳에서는 활동적인 워크숍 등을 통해 새로운 의미의 색채방향을 모색할 수도 있다. 이러한 구성원들, 즉 지역민의 특성을 이해하는 것은 장기적으로 지역의 색채를 가꾸어 나가는 데 많은 참고가 된다.

6) 소재특성을 파악

　소재는 그 자체만으로 지역성을 반영하는 훌륭한 요소다. 지금은 소재의 중요성이 이전에 비해 반감되었지만 중심거리나 주택가, 오피스가의 구성요소의 소재를 정리하고 거리특성에 맞도록 장기적으로 관리해 들어가는 것이 지역의 개성적인 경관을 형성하는 데 중요한 역할을 한다. 지역과 장소의 소재특성을 조사하고 면밀히 분류하면 경관색채계획에 적용될 수 있는 자원의 폭은 더욱 넓어진다.

7) 역사적 도시환경을 조사

　역사적 도시환경의 색채요소는 그 소재를 파악하는 것만으로도 지역풍토에 적합한 건축요소의 색채를 파악할 수 있다. 문헌을 통한 건축물과 도시기반의 기록, 역사적 건조물의 요소별 색채파악, 지역문화와 관련된 자료, 의상, 기록물 등에 대한 조사를 통해 정리할 수 있다.

8) 도시정비의 방향과의 연관성

　지역의 경관정비계획을 분석하는 것은 지역의 경관색채정비를 통일적이고 집중적으로 진행할 수 있도록 해 준다. 서두에서 이야기했듯이 색채는 도시의 매력을 살리기 위한 하나의 요소다. 그것은 색채 그 자체로서 존재하는 것이 아닌 다른 경관계획과의 관계, 실행조직과의 관계, 공간요소와의 관계 속에서 이해해야 한다. 실제 색채계획의 진행에 있어서도 건축, 도시계획, 조경, 역사, 문화, 지역문제의 전문가들과 함께 도시이미지 향상이라는 목표를 공유하고, 각자의 역할을 수행하는 속에서 통합된 도시이미지가 된다. 특히, 색채는 여기서 중요한 조율의 역할을 한다.

표 6 경관색 조사내용과 조사방법

	요 소		조사방법
공간적 요소	인공색	- 전통색 : 전통 건축물의 외벽, 지붕, 기둥, 창 등의 주조색 - 현재색 : 주택지, 상가, 오피스가 등의 현재 도시문화를 대표하는 대규모건축물, 시설, 스트리트 퍼니처 등의 색채 - 미래색 : 지역이 지향해야 할 사회적 의미의 지향색	실태조사 - 관찰조사 관련조사 앙케트조사 사진촬영 측색조사 통계조사 - 선호색조사 문헌조사 인터뷰조사 실태조사 - 측색조사 관련조사
	자연색	- 기후 : 습도, 바람 - 풍토 : 토양, 수목, 하늘, 물 - 관습 : 문화풍습의 색채	
시간적 요소	계절, 주야 등 시간의 변화에 따른 색채이미지의 변화(중요지점의 계절별 관찰)		실태조사 - 측색조사 관련조사
사회문화적 요소	종교, 문화의식 언어, 의상 사회적 상징, 이미지		문헌조사 실태조사 - 측색조사

표 7 경관색채계획의 프로세스

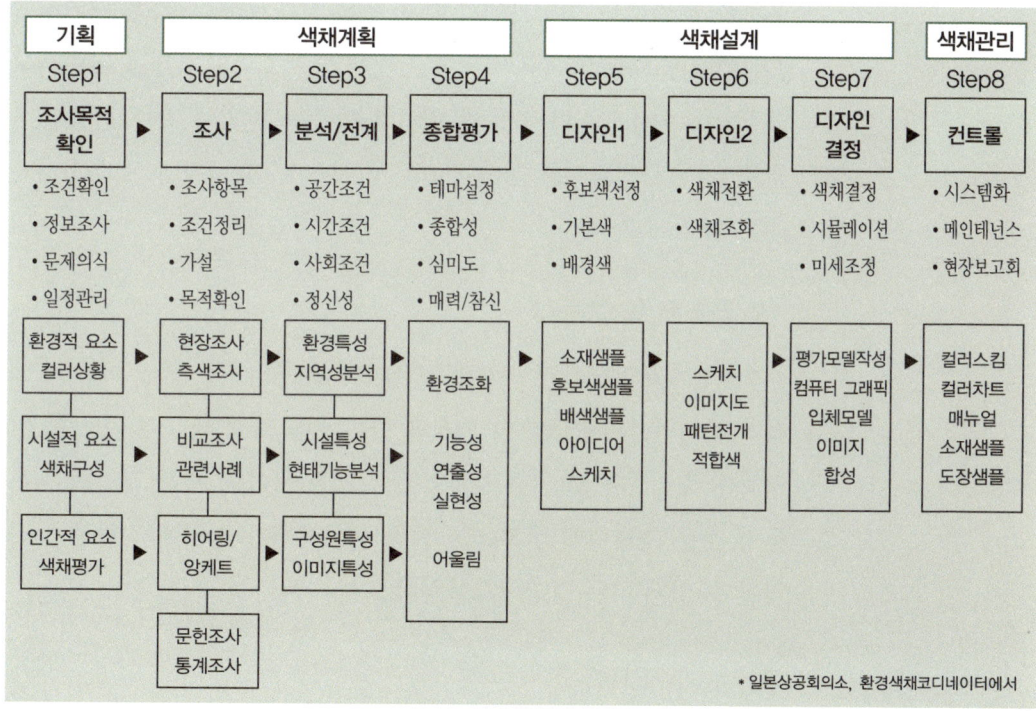

* 일본상공회의소, 환경색채코디네이터에서

4. 경관색채계획의 전개방법

경관특성에 대한 기본적인 조사와 동시에 지역의 색채자원과 구조에 따른 색채의 골격을 만들어 나간다. 그럼 이러한 자원에 대한 조사의 결과를 활용하여 경관색채계획을 진행하기 위한 골격과 기본적인 틀은 어떻게 진행되어야 하는가를 살펴보자.

1) 색채의 골격을 디자인한다

도시의 색채이미지 형성을 위해 우선적으로 그 도시의 중심이 되는 거리의 색채 골격을 구상하고, 가로마다의 개성에 적합한 색채패턴을 디자인한다. 전체적인 색채 골격의 구상은 거리의 연속성을 높이고, 장기적인 관리를 가능하게 한다. 색채 골격을 구상할 때는 현재의 가로특성, 토지이용, 경관자원의 분포 등을 토대로 축과 축을 연결하고 중심뼈대가 되는 코어와 가로에 상징색과 주조색의 패턴을 부여하고 연결되는 세부요소와 가로에 변화감을 주는 방법이 자주 활용된다. 중요 골격이 세워지면 점차적으로 색채이미지를 주변으로 확산시켜 나갈 수 있게 된다.

2) 풍토를 색채화한다

경관색채계획에서는 색채의 기준이 필요하다. 이 기준은 지역의 개성적 색채만들기의 중요한 역할을 하며, 지역의 역사, 문화의 색을 반영하는 풍토색은 그 기준으로 가장 적합한 색이다. 특히, 토양과 수목 등과 같은 자연생태의 분포는 인공물의 색채가 지역에 적합한지 파악할 수 있게 하는 경관색채자원의 토대가 된다.

경관색채계획의 전개

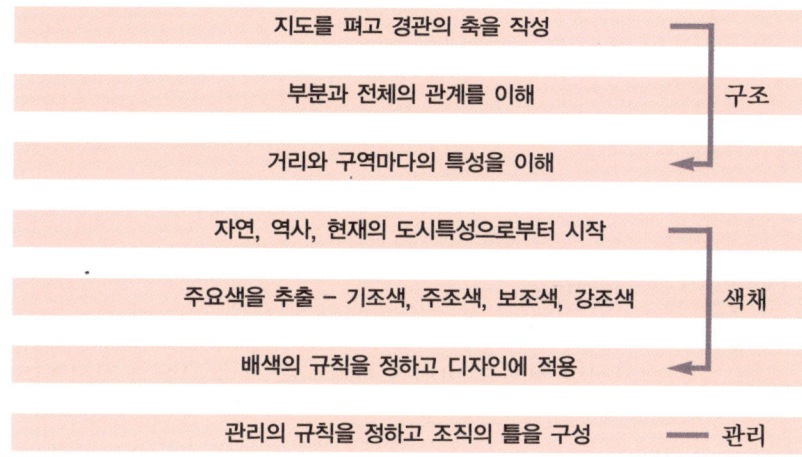

파리 라데팡스의 풍경 – 전통적인 골격에 맞추어 새로운 파리를 만든다(프랑스).

3) 각 장면의 색을 조합한다

도시의 각 구역은 도시구역 특성에 따른 다양한 표정이 필요한데, 이때 색채를 유용하게 활용할 수 있다. 영화의 스틸 장면처럼 기억에 남는 공간의 색채를 파악하고, 그 색채요소를 연속적으로 이어주면 인상적인 색채공간이 형성된다.

4) 콘셉트를 색채화한다

색채방향을 제시할 이미지의 중심색을 조사의 결과로부터 도출하고 전체 콘셉트에 맞는 주조색을 설정한다. 이것은 상징적 이미지를 중심으로 지역색을 컨트롤할 수 있도록 한다. 또한 그 경관이 나아가야 할 방향을 지속적으로 전개해 나갈 수 있는 색채공간의 미래상과도 연관이 깊다. 이는 도시경관의 기본방향과 동시에 진행되는 경우가 많다. 콘셉트의 색채화를 위해서는 거리가 지향하는 이미지, 도시가 지향하는 장기적 이미지에 맞는 색을 건축구조, 상징의 특성, 구성원의 특성 등을 고려하여 정리해나가는 것이 일반적이다.

5) 도시 축을 드러내고 부근을 조합한다

상징이 되는 도시의 축에 대한 배색의 조합을 만들어 중심축을 형성시키고 주택지, 공장지대, 상가, 오피스 거리 등의 부근공간을 연결시켜 시각의 자연스러운 흐름을 만든다. 일대의 색채구조를 디자인하고 색채의 풍부함을 재현한다. 색채의 골격을 디자인하는 것과 유사하나 다소 미크로한 것이 특징이다.

가회동 풍경 – 높은 시점에서는 다양한 색채의 조합으로 풍부한 개성을 볼 수 있다.

마시코의 풍경 – 거리의 재미있는 장면의 색을 적극적으로 연출한다. 안의 표정이 밖으로 보이도록 한다(일본).

6) 색채의 연속성을 연출한다

부분의 색채만이 아닌 공간의 배색이 연속적으로 조화될 수 있도록 건물들 간의, 요소들 간의 색채관계를 정리한다. 즉, 나란히 있는 건물인 경우 옆건물 간의 관계를 고려하여 색채와 소재를 선택하고, 사인, 간판, 스트리트 퍼니처 등도 전체의 연속성에 지장을 주지 않는 공간의 한도 내에서 강조색을 사용하도록 한다. 색채 가이드라인은 이러한 연속성의 형성에 효과적이며, 장소 및 지역만의 코드를 색채 패턴화하여 연속성을 높일 수 있으며, 가로수와 수로를 연결하는 등의 다양한 방법이 있다.

5. 경관색채의 정리와 배색방법

조사된 색채와 적용계획을 통해 실제의 경관색채이미지로 만들기 위해서는 다양한 시뮬레이션으로 실제풍경에 대입해보고 최적의 색채방향을 설정해 도시의 장기적인 풍경으로 만들기 위한 적용방법이 필요하다. 이는 공간 속에서 획득된 색채를 설계해 나가는 과정으로 이 단계에서 구체적인 색채계획 및 디자인이 정리된다.

1) 도시의 풍경을 정리한다

색채가 적용된 공간의 전체이미지를 가상하여 풍경으로서의 도시 개성이 반영되었는지 확인한다.

(1) 지도를 펴고 경관의 축을 그려간다

도시의 구조는 점적인 요소와 선적인 요소, 면적인 요소로 구분하여 디자인해 들어갈 수 있다. 점적인 요소는 중요한 상징이나 건축,

표 10 환경색채의 적용범위

공공장소의 색채계획 적용범위- 유형공간	공공 시설물	공공건축	공공청사, 공공건물, 공공주거시설 등	주요 빌딩과 도시구조물	상용색
		공공구조물	교량, 교각, 터널, 육교, 환경관련 시설, 스트리트 퍼니처, 사인 등		
	랜드마크	게이트	지역의 관문 및 경계표식 : 톨게이트, 구경계 표식, 다리표식 등	상징적 공간	상징색
		상징물	지역의 상징 조형물, 캐릭터, 로고, CI 등		
	공공장소	거리 및 광장	시 및 자치구 중심거리 및 광장 : 주요 관광거리 및 광장, 상징거리 등	주요 거점과 거리, 공간	상용색
		주요 거점	역사적, 생태적, 지리적 흐름의 주요 혈맥역할의 장소, 공간		
	생활·문화 공간	야외공간	공원, 놀이터, 산책로 등	공원, 체육시설	상용색
		기능 - 시설	문화시설, 교육시설, 체육시설, 의료시설, 복지시설 등		
	대중교통	교통수단	버스, 기차, 지하철 등 교통수단	대중이용도 높은 교통	상징색
		교통시설	역, 터미널, 정류장 등 교통 및 교류·흐름의 대표적 혈맥으로서 역할을 하는 장소		
무형공간	문화축제		시기별 문화축제 및 공공 이벤트의 색채이미지를 전체 경관정비 방향에 맞추어 진행	이미지의 인지도	상징색
	교육재료, 의상		공공장소의 단체복, 교육재료 등도 지역이미지를 반영하여 경관의 일부로 파악	생활 속의 색채문화	상징색

시설 등이 해당되며 그러한 것을 군으로 연결하여 연속적으로 전개하면 선적, 면적으로 이미지가 확대된다는 점은 이전에도 설명했다. 가로마다의 색채의 특성, 주요 진입로, 상징이 되는 공간과 사람들이 발걸음을 멈추는 것, 리듬감 등을 고려한 도시전체의 색채이미지로서의 축을 만들어 간다.

(2) 부분과 전체의 관계를 이해한다

경관색채계획은 도시전체를 매력적으로 만들어 나가는 것이지만 한 부분의 색채가 어떻게 구성되어야 하는가를 만들어 가는 작업이기도 하다. 전체와 부분은 하나의 유기체와 같이 연계되어, 경관의 이미지형성에 작용한다. 부분을 계획할 때에도 전체의 이미지를 고려하여 그 부분에 적합한 색채를 적용하고, 그것이 전체적으로 연속되어 있을 때 어떠한 분위기가 연출될 것인지를 파악하는 것도 중요하다.

(3) 거리와 구역마다의 특성을 이해한다

거리와 구역마다의 정체성은 도시의 다양함을 이끌어 낸다. 모든 거리가 같은 색채분위기, 같은 색채의 광고물, 같은 시설일 필요는 없으며 거리와 구역의 특성을 반영할 색채를 선택하고 적극적으로 살려나가는 것을 원칙으로 한다. 단, 고추가 많이 난다고 빨간색을 지나치게 강조한다든지, 쌀이 많이 난다고 노란색을 많이 사용하는 등의 일차적인 색채적 접근은 지루하고 단편적인 색채이미지를 만들 수 있음을 알아야 한다. 시간에 따라 공간의 분위기를 연출하도록 한다.

2) 색채를 절제하여 거리 전체의 이미지를 만든다

부분의 색채 역시 전체 색채이미지의 범위를 살리는 최소한의 규제 범위 안에서 사용되도록 하여 거리 전체의 이미지를 만들어 나간다. 때로는 소재의 색채만으로 색채를 절제하도록 하여 색채 자체의 이미지보다는 경관이미지의 연속성을 중시한다.

3) 구조물의 규모에 따라 색채적용을 정리한다

부분적인 색채사용에 있어 건물이나 구조물, 시설 등의 구조물의 규모에 따른 색채변화를 주어 리듬감이 느껴지는 경관을 고려한다. 그러나 이 역시 공간의 연속성이 가장 우선되어야 한다.

4) 자연환경에 맞추어 색채를 정리한다

도시, 농촌의 구분 없이 자연환경의 특성을 고려하여 색채의 방향을 설정한다. 자연환경과 역사적 공간은 랜드마크와 조화의 기준이

경관색채계획의 전개

색채의 골격을 디자인한다

풍토를 색채화한다

각 장면의 색을 조합한다

콘셉트를 색채화한다

도시축을 드러내고 부근을 조합한다

색채의 연속성을 연출한다

도시의 풍경을 정리한다

색채 절제로 거리 전체의 이미지를 만든다

규모에 따라 색채를 정리한다

자연환경에 맞추어 색채를 정리한다

시민들의 의향을 모으고 동참을 유도하라

공공공간의 색채를 키워낸다

수원 화성 입구의 풍경 - 관계성을 고려한다면 로터리의 색채환경은 다시 검토되어야 한다.

되는 요소다. 토양과 배경이 되는 자연환경에 맞추어 그에 적합한 인공물의 색채방향을 정리한다.

5) 주요색을 추출한다 – 주조색, 보조색, 강조색

기본적인 조사결과를 바탕으로 각 경관 요소별로 주조색과 보조색, 강조색을 분류한다. 주조색의 수가 많을 필요가 없으며, 다양한 경관의 유형을 고려하여 보조색의 수를 다소 늘리고, 강조색은 최소한의 색채로 구성하는 것이 적절하다. 특히 주조색의 경우는 일정한 통일성을 유지하는 것이 이미지의 통일감을 주는 데 효과적이다. 그러나 지나치게 색의 수가 적을 때는 다양한 적용에 문제가 생길 수 있으므로 적용범위를 고려하여 기본상용 주조색과 확대적용 상용색으로 분류하면 편리하다. 강조색의 경우는 지역의 문화와 정체성을 반영할 수 있는 색으로 구성하되, 지나친 규제보다는 창조성을 발휘할 수 있도록 유도하는 것이 지역의 지속가능한 발전을 위해 적합하다.

6) 배색의 룰을 정하고 디자인에 적용하라

추출된 주요색을 중심으로 주조색과 보조색, 강조색을 조합하여 사용할 수 있는 패턴을 만들고, 적용방법의 룰을 정한다. 이러한 작업은 경관색채계획과 전개에 있어 많은 사람들의 참여를 가능하게 하고, 전체적인 색채이미지의 통일성을 유지하게 한다. 우측의 사진과 같이 50가지 정도의 색으로도 패턴의 전개에 따라 다양한 색의 구성이 전개됨을 알 수 있다. 주의할 점은 지나치게 많은 패턴과 복잡한 적용규칙은 실제계획 적용의 유효성을 떨어뜨리기 때문에 피하는 것이 바람직하다.

튜빙겐의 풍경(독일)

사하라의 수변풍경(일본)

남양주시 옥외광고물의 색채가이드라인의 패턴 - 60가지 색의 조합만으로도 무수한 색패턴이 형성된다.

6. 색채디자인의 전개방법

위에서 경관색채계획을 위한 전반적이고 개략적인 진행방법에 대해 간략하게 설명했다. 이제 그것을 바탕으로 실제적인 경관색채디자인을 전개할 방법에 대해 설명하고자 한다. 경관색채디자인에는 몇 가지 진행원칙이 있다. 그 진행원칙에 따라 세부사항을 구분하는 것이 더 쉽게 이해되리라 생각한다.

1) 주변과 조화되는 공통된 분위기를 고려한다

모든 장소는 그 장소의 지형과 주변환경의 특징에 맞는 풍경이 있다. 흔히 어울린다고 표현하는데, 사람들에게도 그 사람에게 맞는 옷과 색깔이 있듯이 도시와 공간도 그곳에 맞는 색을 찾을 수 있도록 전체적인 풍경을 고려하여 색채의 조화를 계획하는 것이다. 이것은 부분적인 색채에만 치중하여 전체적인 경관을 훼손시키는 것을 막을 수 있고, 경관에 위계와 질서를 가져오는 유효한 방법이다. 계속 강조하지만, 이 공통의 분위기를 좌우하는 가장 중요한 요인은 주변환경에서 어떤 경관자원을 살려나갈 것인지에 달렸다. 결국 경관계획과의 연계가 중요하다. 중요건축물을 살릴 것인지, 자연경관 전체를 살려나갈 것인지, 평온한 시가지의 분위기를 만들 것인지 등의 이미지 콘셉트에 따라 색채의 방향은 달라질 것이다. 부분을 지나치게 강조하다 보면 랜드마크적인 효과는 가시적일 수 있으나, 전체적인 이미지가 약해지는 것을 감안해야 한다. 그 이미지는 공간의 특성이 좌우하고, 조화로운 색채를 디자인해 가는 것은 경관색채디자이너의 몫이다.

북촌 한옥마을과 인사동의 골목풍경

2) 주조색을 살리고 조악색을 회피한다

경관색채계획과 디자인에는 크게 두 가지 접근법이 있다. 살려야 할 색채환경은 살리고 불필요하게 자극적인 색채는 억제시키는 것이다. 아름다운 도시색채의 특성 중 하나는 명확한 색채이미지를 가져야 한다는 것이다. 그렇다고 그것이 하나의 색이나 강한 색으로 도시 전체를 통일시켜야 한다는 것은 아니다. 소란스럽고 아기자기한 이미지, 단조롭지만 골목 안에는 풍요로운 녹색이 보이는 이미지, 새마을 운동시대의 이미지, 전통적인 느낌이 풍기는 이미지, 세련되고 도시적인 이미지 등 사람과 마찬가지로 도시 역시도 다양함 속에서 자신만의 이미지를 명확히 전달시킬 수 있을 때 매력적인 공간이 된다. 그러한 공간형성에 있어 색채의 방향은 지속가능한 개념의 장기적 관리가 필요한데, 더욱 열악한 환경이 되지 않도록 큰 규제나 약속을 정하는 것과 지역자산이 될 색채를 적극적으로 살려나가는 것의 두 가지 방법을 지역의 현황에 맞추어 나갈 필요가 있다.

3) 주변색을 전체 방향에 맞춘다

중심 기조색과 주조색이 정해지면, 배경색이 될 공간 역시 전체 경관의 방향에 맞추어 조절해 들어간다. 예를 들어, 중요건축물의 특징을 부각시키기 위해서는 배경색의 채도를 낮추는 방안, 경관보존지구 주변에 화려하거나 자극적인 색을 사용하지 못하도록 규제하는 등의 방법으로 보행자의 시각환경에 맞추어 경관의 색채를 조절해 간다.

4) 장소와 건물의 용도에 적합성을 고려한다

전체적인 색채의 방향이 정해지면 그 안을 구성하는 작은 요소와의 색채적 관계를 고려한다. 구역이나 가로의 특성별로 색채계획이 나아갈 방향을 정할 수도 있고, 각 건물용도에 맞도록 색채이미지를 정할 수도 있다.

5) 건물의 규모와 형태를 고려한다

색채는 면적과의 관계가 깊다. 같은 색이라도 면적에 따라 그 영향력이 달라지기 때문에 색채계획이 나아갈 방향에서도 건물의 크기와 형태에서 색채가 차지하는 면적에 비중을 둬야 한다. 건물의 주조색이 정해지면 건물입면의 형태변화에 맞추어 색채의 배치를 다르게 한다. 형태 역시 색채와 떨어질 수 없는 요소다.

6) 내구성이 우수한 색채, 소재를 고려한다

외부공간의 색채는 시간이 지날수록 변한다. 바람과 온도차, 비와 눈 속에서 색이 조금씩 바래며, 시간에 따른 깊이감을 가지게 된다. 최근 건축외장재로 사용되는 화학소재와 도장재료의 경우, 환경을 오염시키는 문제도 있지만, 시간이 지날수록 변색이나 퇴색에서 오는 색의 느낌은 자연소재의 자연스러운 퇴색에 비해서 시간의 깊이감이

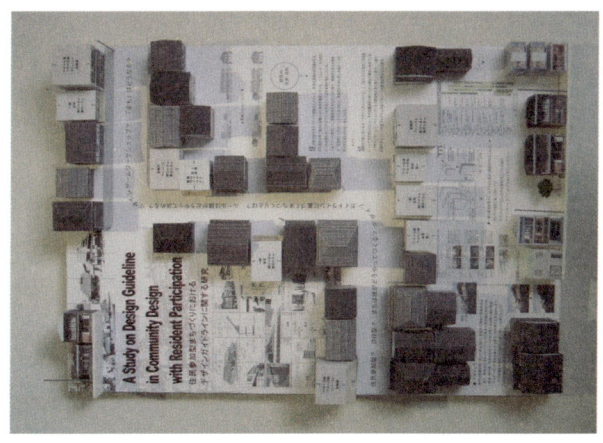

모형과 배치변경을 통한 색채의 연속성을 검토하고 소재를 정리하여 가로의 이미지변화를 파악하기 위한 시뮬레이션

부족하다. 또한 외부 고층건물의 경우도 현재의 도장중심의 처리에서 소재로의 전환이 도시수준의 향상과 함께 진행될 것이다. 소재 그 자체가 바로 색이라는 인식의 전환과 함께 가능한 한 자연소재를 외부공간에 적극 사용하여 시간이 지날수록 깊이감을 더해가는 색채계획이 필요할 것이다.

7) 현장과 비교하여 점검한다

만들어진 배색은 항상 현장에서 점검하여 색채계획을 실행한 후 공간과의 조화정도를 점검한다. 한 번 정해진 색채는 장기간 변경하기 힘든 것이 현실이기에 가상공간의 색채평가만으로는 오류를 범하기 쉽다. 현장에서 제작되었을 때의 상황을 판단할 수 있을만한 크기의 색채샘플을 들고 비교·분석하여 적합성의 정도를 평가해야 한다.

7. 경관색채의식의 공유

도시디자인은 시각적인 것이면서 동시에 의식적인 것이다. 무엇이 더 큰 영향을 준다고 말하기는 힘들다. 같은 색에 대해서도 보는 사람의 심리상태에 따라 색을 다르게 느끼듯이 무의식의 영향이 크다 환경색채계획 역시 표면의 색을 만듦과 동시에 사람들의 의식에 색채의 기준과 방향이 이해되어야 한다. 바로 '공감'을 얻어내는 것이다. 이는 그 도시공간의 색은 그곳에 살고 있는 지역민과 그 도시공간을 디자인한 사람들의 의식이 반영된 것이기 때문이다. 색채가이드라인을 만들거나 조례를 만드는 것만으로 도시가 아름다워질 것으로 생각한다면 그것은 전문가의 큰 오류다.

예를 들어, 독일의 도시경관의 색채는 기후와 풍토, 소재 속에서 형

츠쿠바시 호죠마을의 중학생과 같이하는 지역경관자원의 파악

성되어 온 독일사람들의 의식에 어울리게 이뤄진 그들만의 색채며, 일본의 저채도의 색채문화 역시 습도가 많은 섬나라라는 지형적 특징과 지나치게 드러나는 것을 기피하는 사회문화 속에서 만들어진 색채환경이듯이 외부에서 보이는 그 도시의 색채특징은 단지 몇 부분을 바꾼다고 쉽게 바뀌는 것은 아니며, 그곳에서 살아가는 사람들의 색채에 대한 의식이 바뀌어나갈 때 표면의 색도 자연스럽게 바뀌는 것이다. 실제로 경관색채계획에서는 눈에 보이는 것보다 눈에 보이지 않는 부분을 디자인해야 하는 경우가 더 많다.

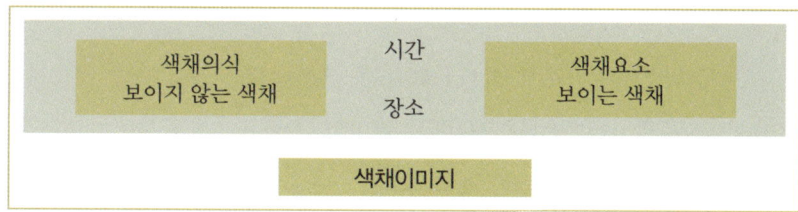

1) 시민들의 의향을 모으고 동참을 유도하라

경관색채계획은 경관의 특성에 따라 다른 색채패턴의 방법을 제공함과 동시에, 그 지역을 살아가는 사람들의 공간에 대한 바람과 요구를 반영하여 현단계에 맞는 색채적인 대안을 만드는 객관적 기준을 제공해 준다. 그러기 위해서는 막연히 색채를 만들고 시민들에 대한 설명회를 개최하기보다는 첫 실행단계에서부터 시민들과 같이 거리와 색채자원을 조사하고, 적용방안까지 같이 진행해 나가는 프로세스가 필요하다.

(1) 워크숍을 연다

시민들과 환경색채의 방향을 공유하고 상징색과 상용색을 생활 속에서 어떻게 적용해 나갈지를 협의한다. 모형이나 색채샘플을 이용하여 색채가 바뀌었을 때의 상황을 가정하여 어떻게 변화될지 추측한다. 그리고 거리의 색을 직접 바꾸는 등의 워크숍을 개최하여 시민이 거리경관개선의 주도적인 역할을 할 수 있도록 많은 창구를 열어둔다.

(2) 공공공간의 색채를 키워낸다

일단 형성된 공공공간의 색채는 장기적인 관리를 통해 지역의 풍경으로 자리잡을 수 있도록 한다. 그것은 지역의 긍정적 이미지 확립에도 도움이 된다. 이를 위해서는 경관색채 중점관리지역의 설정을 통해, 나쁜 색채요소는 집중적으로 관리하고, 양호한 색채요소를 장려하는 식으로 진행한다.

(3) 색채를 통한 공간 커뮤니케이션을 만든다

시민과 함께하는 색채개선운동, 주변의 색채공간바꾸기, 지역경관의 색채개선제안, 학생들과 함께 하는 색채교육운동 등 색채를 통해

일본 츠치우라시의 시민참가 거리평가회 - 모형을 보며 공간의 구조와 색을 이해하고 개선방안을 제시한다.

지역과 시민이 접촉하는 활동을 형성시켜 나간다. 이것은 장기적으로 지역의 색채를 이해하는 데 있어 시민을 주도적으로 참여시켜 사적 영역의 경관정비의 효율을 높이는 효과도 있다. 이러한 활동을 통해 성장한 커뮤니티가 지역경관색채 확산과 개선의 주체가 될 수 있도록 지속적인 유대관계를 가져나간다. 그러나 개인의 이익만을 위한 이익집단의 참여와 같은 집단이기주의에 대한 경계가 필요하다.

2) 거리를 직접 걸어다녀라

걸으며 색의 이미지를 연속적으로 느끼는 것은 경관색채계획에서 가장 중요한 부분이다. 사람들은 걸어다니며 거리를 느낀다. 한 곳만으로 그 거리와 도시를 평가하는 것이 아닌 전체적인 이미지의 집합으로서 도시를 이해한다. 가로의 축을 중심으로 매력적인 색채자원을 모으고 전개되도록 한다.

3) 장기적 관리방안을 제시한다

계획가는 색채를 디자인하는 것만이 아닌, 관리방안을 제시하고 지원하는 역할을 수행할 필요가 있다. 건축물과 시설물, 옥외광고물 등의 가이드라인이나 조례를 통해 장기적으로 지역의 경관색채를 만들어 나갈 수 있으나, 지속적으로 디자인의 질적인 면을 관리할 조직적 지원체계가 필요하게 된다. 경관계획에서 가이드라인이나 조례, 법 이상으로 중요한 것은 수준 높은 디자인을 만들어 내고 관리하는 능력이다. 경관법의 제정과 각 지자체의 조례제정 등으로 지속적인 관리방안을 쉽게 제시하게 되었지만, 특정구역과 거리는 그 곳만의 색채코드와 지침을 만들어도 좋을 것이다.

4) 알기 쉽게 하라

알기 쉽게 도시공간에 맞는 색채를 정리하게 되면 지역민이 쉽게 동참할 수 있다. 흔히 색채계획을 보면 색체계를 놓고 난해하게 프로세스를 전개하는 경우가 많으나 이것은 일반인들의 참여를 힘들게 하는 요인으로 작용한다. 전문용어와 애매한 표현, 대안없는 비판 등은 계획의 진행을 방해하는 대표적인 것이다. 마음을 터놓고 이야기 할 수 있는 분위기와 참여방법_{사진이나 색표, 그림을 사전에 준비하면 좋다}을 마련한다.

04 경관색채계획의 관점과 진행 149

시민과 실제의 거리를 돌아보고 평가해본다. 폴라로이드 카메라로 사진을 찍고 이미지의 공감을 모으는 것도 좋다.

해외답사를 통해 새로운 사례와 진행과정을 알아본다.

마나즈루의 거리풍경 – 오렌지나무를 심어 거리의 색채를 풍요롭게 하도록 '미'의 기준에 제시되어 있다. 누구나 참여할 수 있는 쉬운 방법이다.

5) 장기적 실행을 위한 관리의 규칙을 정하고 조직을 구성한다

일단 형성된 색채공간이 장기적으로 관리될 수 있도록 행정과 전문가, 시민의 협의체제의 조직을 구성하고 각자의 역할에 맞는 일상관리체계 및 개선협의구조를 만들어 간다. 이러한 조직은 색채풍경이 정착할 수 있도록 의식의 확대, 개선의 역할을 하며 장기적이며 지속적으로 계획을 추진해나갈 원동력이 된다. 조직의 진행은 각 주체가 개별적인 사업을 진행할 수도 있으나, 정기적인 모임과 협의를 가지는 것이 바람직하다. 주의할 점은 형식적이고 지루한 모임이 자주 있게 되면 사람들의 생각은 더욱 부정적이고 보수적으로 바뀐다.

6) 협의 - 지속할 수 있는 디자인을 고려한다

경관색채가이드라인은 조사결과로부터 얻어진 색채가 장기적으로 지역에 정착할 수 있도록 하는 유효한 방법 중 하나다. 조례보다는 한 단계 느슨한 약속이지만 경관개선에는 매우 효과적이며, 지역이나 자연경관보호구역이나 역사경관보호구역 등 강력하게 보호해야 할 곳에는 조례와 함께 동시에 적용하는 것도 가능하다.

그러나 이러한 색채가이드라인이 지나치게 어렵거나, 규제중심으로 간다면 오히려 경관을 획일적으로 만들고, 사람들의 참여를 어렵게 만드는 단점이 있다. 가이드라인은 각 도시의 현황에 맞추어 진행하는 것을 원칙으로 하며, 섬세하고 장기적인 안목을 요구한다. 또한 가이드라인을 활용할 디자이너와 같은 전문가의 창조적 능력이 개입할 수 있는 범위의 것이어야 한다. 가이드라인의 설정은 해당지역에서 활기가 필요한 곳, 경관의 관리가 필요한 곳의 경관특성에 따라 다르게 필요하며, 적용요소에 대한 섬세한 표기가 명확히 되어 있어야 한다.

경관색채 가이드라인의 프로세스의 예

STEP 1	01	지역다운 색채	건축물과 공장건물의 외부색을 생각하여, 시민과 사업자의 사용 편의를 고려한 기본항목을 정리
	02	색채의 기준 선정	
	03	거리정비를 위한 배색선택	

시 공통의 규칙을 파악

전체의 적용범위

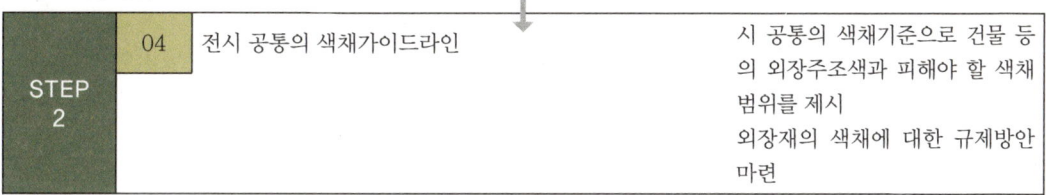

| STEP 2 | 04 | 전시 공통의 색채가이드라인 | 시 공통의 색채기준으로 건물 등의 외장주조색과 피해야 할 색채범위를 제시
외장재의 색채에 대한 규제방안 마련 |

용도별, 대상별의 규칙을 파악

지구별 적용범위

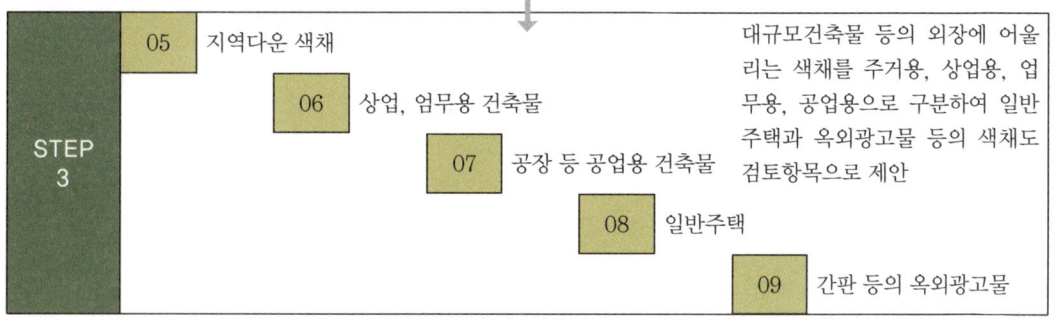

STEP 3	05	지역다운 색채	대규모건축물 등의 외장에 어울리는 색채를 주거용, 상업용, 업무용, 공업용으로 구분하여 일반주택과 옥외광고물 등의 색채도 검토항목으로 제안
	06	상업, 엄무용 건축물	
	07	공장 등 공업용 건축물	
	08	일반주택	
	09	간판 등의 옥외광고물	

가이드라인에 의한 색의 분류방법을 파악

적용 후 관리

| STEP 4 | 10 | 가이드라인에 있어서 색채의 분류 - 색채 시그널 | 사용을 자제해야 할 색과 추천하고 싶은 색을 색채기준표를 기준으로 컬러차트와 일람표 등으로 표시 |

계획 후의 지속적인 관리에서는 경관색채의 정비활동에 지역주민들의 적극적인 참여를 유도하여 지역색채에 대한 이해의 차원을 넘어 경관전체에 대한 애착을 향상시키는 방향으로 나아가야 한다. 자신이 살고 있는 주변공간과 가깝게는 집앞, 마당, 외벽을 공공의 색과 경관요소로 인식하게 하여 일상생활 공간에서 구체적인 방향을 제시하여 경관의 질적 향상으로 이어지게 된다. 경관의 개성은 색채만이 아닌 경관을 구성하는 다양한 요소에서 자신들의 역할을 충실히 해나가고, 그것을 조율하여 조화로운 리듬감을 가질 때 비로소 생겨나고 질적으로 풍요로워진다. 그리고 그것은 바로 그곳에 살고 있는 사람들의 삶의 질을 향상시키는 것으로 이어진다.

마나즈루시의 디자인코드의 제정에 주도적으로 참여한 이가라시 타카요시 교수의 말은 가이드라인의 필요성에 대해 시사하는 바가 크다.

"우리 마을에 특별한 것은 없다. 그러나 그러한 개성이 없는 일상의 아름다움이 마나즈루의 개성이다."

남양주시 옥외광고물 색채가이드라인의 표지

8. 경관색채계획의 개성화 방침

10여 년 전에 비교해 국내의 도시환경이 많이 바뀌었고 시민들의 도심경관에 대한 의식수준도 많이 향상되고 있다. 시대의 흐름은 환경색채디자이너들 역시 기초적인 조사를 하고 내부에서 색표를 추리던 단편적인 차원을 넘어 도시경관의 전체적인 차원에서 색채를 바꾸어 나가는 식으로 계획의 방향을 제시하고 지역들간의 협의를 유도하는 조언자 역할을 요구하고 있다. 위에서 이를 위해 제시한 기본적인 프로세스 이외의 제언을 아래에 적는다.

도시경관은 사람들이 만드는 것이고 동시에 사람들이 살아 움직이는 생명체와 같은 것이다. 모든 생명체에 균형잡힌 조화가 필요하듯 도시 역시 조화를 요구하고, 경관색채계획가는 색채를 통해 조화관계를 계획하는 역할을 수행한다. 이는 경관색채계획가가 단지 색채의 배색만을 고려하던 입장에서 벗어나 도시와 그 도시 속에서 움직이는 사람들, 역사와 문화를 이해하며 장기적으로 도시의 이미지를 만드는 업무를 수행하는 코디네이터로서의 역할도 필요하다는 것을 의미한다.

이러한 색채를 이미지화하는 능력을 '컬러 이미지어빌리티Color Imageability'라고 정의할 수 있다. 사람들은 공간에 있어 색채현상의 종합적인 이미지를 통해 공간특성을 파악하는 능력을 가지고 있다. 경관색채계획의 과정으로서의 색채공유는 합의와 협의, 진행과정의 참가를 통해 이루어진다.

사람들은 스스로가 도시의 색을 만드는 과정에 참여하면서 공간에 대한 의식을 높이고, 적극적으로 주변공간을 바꿔나가는 능력을 발휘한다. 때로는 전문가가 발견하지 못하는 지역의 색채자원에 대한 정보를 알려주기도 하고 참신한 아이디어를 제공하기도 한다. 물론 외부에서 객관적인 문제점이나 매력을 더 새롭게 발견할 수도 있지만 지역에 대해 지역사람들만큼 잘 아는 사람은 없다. 또한 지역민들은 전문가와 행정의 정형화된 사고와는 달리 창조적이고 생활에 밀접한 방안을 제시하기도 한다.

어린이와 노인, 특히 지역활동에 적극적인 사람들을 동참시키는 것도 좋은 방법이다. 이들은 향후 도시디자인의 진행에 든든한 동반자가 될 것이다.

경관색채계획의 출발점은 행정일 수도 있고 개인일 수도 있으며, 학교 내지는 커뮤니티단체나 지역상가일 때도 있다. 어디서 시작되건 다른 사람들과의 협의와 동참이 중요하다.

우선 지역의 색채자원에 대한 파악을 같이 해 나간다. 그러나 일반적으로 지도 등을 읽어내는 능력이 부족한 이들에게 너무 전문적인 용어를 쓴다거나 하면, 참가하고 싶은 마음이 저하되므로 가급적 시각적인 사진과 영상 등을 사용하고 전문용어의 사용은 자제한다.

색표를 들고, 기본적인 조사방법에 대한 공유를 한 뒤, 같이 걸으면서 실제공간을 돌아본다. 이러한 과정은 디자인 워크숍과 같은 형태로 몇 차례 진행하면 더 좋은 효과를 가져 오며, 가급적 녹음이 푸르른 봄에서 가을까지 실시하여 계절의 변화 등을 파악하는 것도 유용하다. 특히 지역의 문화·역사유산과 수려한 자연경관, 도심, 번화가, 학교주변 등 경관의 특성별로 파악하는 것이 효과적이며, 조사 전에 참가자들과 의견을 공유하는 것도 효과적인 방법이다.

위의 조사내용은 정형화된 형태가 아니기 때문에 지역과 공간의 특성에 따라 다양하게 적용할 수 있다. 중요한 것은 전문가와 행정만이 아닌 이러한 조사내용이 공유되어야 하고 어떠한 경우에도 추상적이

스트라스부르의 주택가의 풍경 - 크고 작은 속에 거리의 개성이 숨어 있다(독일).

나가노현 히다타카야마의 거리풍경(일본)

거나, 다른 곳을 모방하는 것에만 그쳐서는 안 된다는 사실이다. 지역 경관색채의 과제와 기준을 정하는 작업이므로 폭넓고 구체적으로 진행해야 하는 것을 원칙으로 해야 한다. 색채조사에서 전통적인 문화유산과 토양의 색채를 주의깊게 추출하면 그 지역의 '기억'에 대한 이해를 높일 수 있을 것이다.

조사 후에는 지도 위에 조사한 결과를 펼쳐놓고 전체적인 분포를 같이 살펴본다. 그리고 문제점을 서로 공유할 수 있으면 더욱 좋다. 조사결과는 색표를 잘라서 놓거나 소재나 자연샘플, 사진을 프린트한 자료, 또는 기억나는 글이나 사진이라도 무관하다. 표현이 형식적인 구애를 받지 않도록 하는 것이 중요하다.

경관색채라고 해서 일부 색채자원만 추출하면 표면적이고 일시적인 계획으로 치우칠 가능성이 높다. 경관계획과 같이 경관 전체를 대상으로 자원을 파악하고 적용할 수 있는 관점을 정립해 나가야 한다.

물론 이러한 방법 외에도 공적인 인터넷 홈페이지나 단체를 방문하거나 거리설문을 통해 색채의식을 공유하고 자원을 확보하는 방법도 있지만 같이 걸어다니면서 하는 것이 가장 효과적이다.

이러한 다각도의 조사를 통해 얻어진 결과는 지역 전체의 지도 위에 정리하여, 현재의 문제점, 활용할 수 있는 자원, 진행방향 및 기간, 주조색과 보조색, 강조색의 분포 등으로 정리해 둔다.

그리고 다시 같이 참여한 사람들에게 알려주는 형식으로 조사결과를 같이 공유해 나간다. 물론 이러한 과정에는 많은 시간이 소요된다. 그러기에 시각적 성과를 빨리 얻고자 하는 대다수의 행정담당자들이 기피하는 방법이며, 진행과정에서 예상 외의 충돌이 생길 수도 있다. 그리고 기본적으로 진행하는 전문가와 담당책임자에게 지속적인 준비와 노력을 요구해야 하기 때문에 정신적인 피로감도 크다. 하지만

색채조사의 현장모습

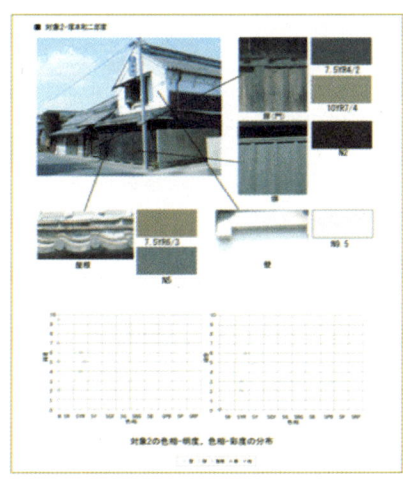

조사결과의 분류

이러한 과정은 지금까지 선구적으로 도시디자인을 전개해 온 도시들의 공통된 특징이기도 하다. 국내에서 도시디자인 벤치마킹 대상으로 가장 선호하는 도시인 요코하마 역시 40년 가까운 시간동안 상가상인과 시민과의 많은 협정과 협의, 행정의 지속적인 노력이 지금의 성과를 낸 것이고, 담당자인 쿠니요시 씨와 같은 행정가와 요시다 씨와 같은 전문가가 구체적인 디자인과정 속에서 구현해 낸 결과다. 또한 미국과 서구의 중요도시에서도 주민의 참가를 통한 지속적인 도시디자인의 형성은 가장 일반적인 방법이다.

  시민과 행정, 많은 지역 커뮤니티단체와의 의견조율은 경험이 많은 경관색채코디네이터가 조율해 나가면 가장 이상적이다. 그러나 경관색채코디네이터는 경관색채계획의 목적이 지역경관의 질적 향상과 주인이 될 시민과 행정전문가의 의식의 질적 향상에 있다는 점을 유의하고, 현재의 경관색채의 문제점을 해결하기 위한 장기적 관점에서 전략과 방향을 제시해야 한다. 지나친 간섭은 오히려 참여를 떨어뜨리거나 자립성을 잃게 만들 수도 있으며, 어려운 전문용어를 사용하거나 편협된 관점은 창의적인 발상을 가로막는 요인이 되기도 한다. 행정에서는 지속적으로 뛰어난 전문가와 같이 계획을 진행해나가는 것이 구체적인 결과를 얻을 수 있는 훌륭한 방법이다. 이렇게 해서 만들어진 유대감과 지역색채의 공유, 애착은 장기적인 관리 속에서 지역의 개성적인 색채환경을 만드는 튼튼한 뿌리가 될 것이다.

  마지막으로 여기까지의 과정을 표로 정리하면 다음과 같다. 아래는 보다 전형적인 세부진행방법이다. 지역과 공간조건에 맞추어 필요한 부분을 활용하면 경관색채계획에 많은 도움이 될 것이다.

경관색채계획의 단계별 진행내용

단계	내 용	방법	기타
기획	진행담당자와의 방향설정 및 방법확정		
기본조사	• 권역별 색채현황조사(중요가로, 자연보호구역, 주택가, 공장지대 등) • 경관요소별 색채조사(건축, 자연물, 시설물 등)	• 측색조사 • 관찰조사 • 자료조사 • 연속적 배색치 조사	• 주민과 공동 진행 • 아이디어 수렴
분석 문제점 진단	• 권역별 문제점 진단 • 경관요소별 문제점 진단(전체 경관색채의 문제점 파악) • 경관자산 정리 및 경관요소의 기조색, 보조색, 강조색, 배경색 파악	• 색채팔레트 작성	
색채계획테마 및 콘셉트 설정	전체 경관색채정비의 콘셉트 · 테마 설정(지구 권역별 색채콘셉트)	• 계획안 작성	
경관요소별 적용색상 / 패턴설정	• 중요가로 주변 • 공공건물 / 시설 스카이라인 • 안내물 / 사인 / 옥외광고물 도로공간 • 공장지대 건축형태별 · 공간별 • 주택지 도시구역별 • 자연보호구역 주변	• 네거티브 체크 • 주조색 / 보조색 / 강조색 / 보조색 배치	적용가능성 검토를 면밀히 평가
적용규정 / 설정	• 각 시설의 색채사용 방법 • 규제기준 제시 • 규제 / 유도 / 협의방안 제시		
디자인 작성	각 경관요소에 대한 디자인안 작성(유형별)		
홍보	시민공청회 실시 및 최종검토 – 확정		
시행	확정 발표		
	시범사업 실시 – 규제, 협의 시작		

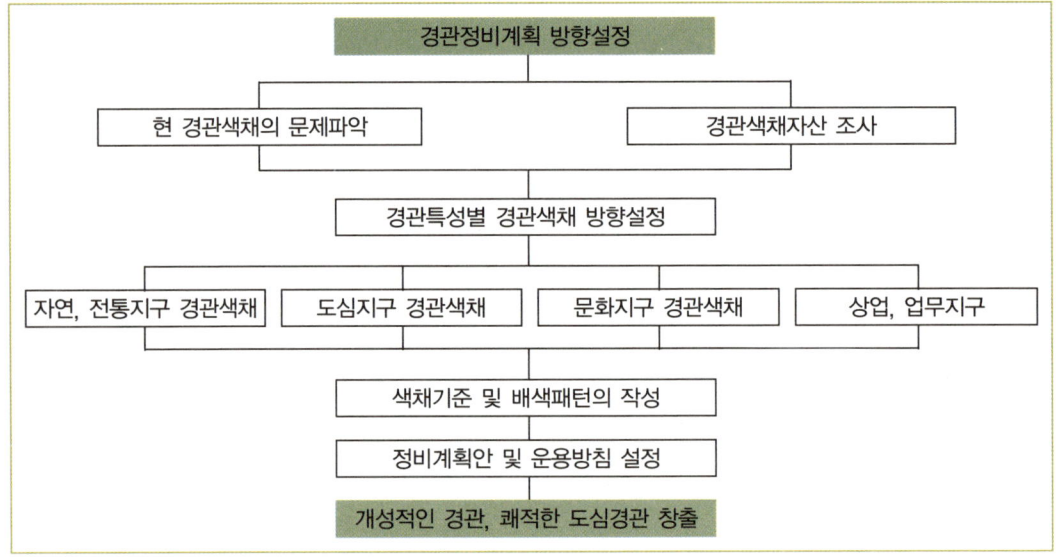

지역의 경관색채 정비계획의 사례(일본 마카베시)

경관 요소별 색채적용방안

구분	내 용	비고
건축물	• 건축공간과 특성에 맞는 색채패턴 제안 • 주택가 건물, 아파트 등은 차분하고 통일성이 높은 배색을 선정, 안정성 유도 • 상가와 오피스 거리도 기본적인 건물의 주조색은 고명도 저채도의 통일성을 유지, 상점 등에서 적절한 변화 유도	지구의 특성 통일감 용도별 특성
연속적 거리	• 전체적인 거리특성에 따라 연속성 배려 • 외벽의 통일감을 유지하며 변화가 많은 곳은 가로수 등을 이용하여 자연감 유도 • 간판과 상점입구 장식도 거리의 특성에 맞춤	도시구성요소의 기능유지 및 예술적 표현
공원 자연환경	• 계절의 변화를 고려하여 수목을 배치하고 자연물과 주변환경과의 조화를 고려 • 장소의 특성에 맞추어 높이와 종류를 선정 • 변화보다는 통일감을 강조	녹색환경정책과 연대
역사적 공간	• 전통적 건조물의 색채환경, 지리적 풍토색을 고려한 장기적인 색채관리 필요 • 건축양식 등의 검증 및 연속성 필요	장기적 색채관리 프로그램 필요
도로 시설물	• 도시의 활기를 높이는 요소로 고채도의 적용도 가능하나 공간의 용도와 특성에 맞는 배색패턴의 검토 필요	시민에 의한 평가 시스템 필요

경관색채계획의 이론과 실천
— 보이는, 그리고 보이지 않는 도시의 색채

02
경관색채계획의 실천

Landscape Color Design

색채를 통한 지역경관 개선

　색채를 통해 지역경관을 개선하기 위해서는 많은 시간과 노력이 필요하다. 흔히 상징적인 건물에 상징색을 쓰고 아파트 외관에 지역에서 정한 색을 칠하고 간판을 디자인하면 될 것이라고 생각하지만 그렇게 쉽게 지역경관의 이미지가 바뀌는 것은 아니다. 정말 중요한 것은 사람들이 가지고 있는 공공환경의 색채에 대한 의식이 바뀌어 일상생활의 경관을 바꾸어나가는 것이다. 그것이 어떤 의미에서는 색채를 통해 삶의 풍경을 향상시켜 나간다는 점에서 가장 중요한 경관색채계획의 목표가 된다. 그 때문에 경관색채계획은 색채디자인과 색채코디네이트가 결합되어야 하며, 지역의 색채자산을 경관화시키고 주민의 참여를 통해 지역 곳곳에 뿌리내릴 수 있는 장치와 도구를 요구하게 된다. 그리고 그것을 추진해 나갈 커뮤니티 의식과 중심인물을 키워나가는 것이 중요하다.

　남양주시의 도시이미지 사업이 본격적으로 진행된 것은 2007년 5월부터다. 남양주시의 도시이미지 정비계획에서는 처음부터 색채계획을 중요방향으로 설정했다. 그 당시 경관동아리 회장을 맡고 있던 행정담당자는 경관을 담당하는 부서가 아닌 여성부에서 일을 하고 있었으나 지역경관에 대한 애정이 남달랐고, 또한 남양주시에는 건강하고 밝은 공무원들이 있었다. 우선 그 담당자와 함께 남양주 공무원

01 색채를 통한 지역경관 개선

한강변의 옹벽에 사랑의 낙서들이 가득하다. 이곳에 벽화를 그리려는 시도와 오랫동안 실랑이를 벌여 이 자연스러운 공간을 지켜낼 수 있었다. 이러한 자연스러운 공간의 색채를 살리는 미학이 필요하다.

400명을 대상으로 경관과 색채의 중요성을 알리는 교육을 실시했다. 그리고 경관동아리 회원들과 남양주의 경관개선을 위한 워크숍과 답사 등을 진행하며 서로에 대한 인식의 수준을 높였다.

어지러운 아파트외벽의 그래픽 – 아직도 각 지역에는 공공공간인 외벽에 과도한 그래픽을 넣는 경우가 많다.

남양주시와 같은 다핵도시는 오래된 역사적 경관자원이 부족한 경우가 많고, 보행자를 위한 길보다는 외곽으로 빠지는 자동차 도로가 발달하여 외곽환경이 어지러워진 곳이 다수이기 때문에, 지역경관의 개성화를 위한 자원의 관리가 제대로 되지 않고 있는 경우가 많다. 따라서 남양주시의 경관계획에서는 도시의 장기적인 경관정비의 방향 속에 매력적인 거리를 만드는 것과 지역의 경관축을 형성해 나가는 것, 다산생가와 홍유릉을 비롯한 중요경관자산의 주변을 정비하여 중심경관지구로 만들어 나가는 것, 한강수변구역 주변을 자연친화적으로 바꿔 나가는 것을 중요방향으로 설정하고, 색채계획에 그것을 반영시켜 나가야 했다.

01 색채를 통한 지역경관 개선   165

남양주시의 아름다운 수변풍경

2007년 9월 지자체 단체장의 전폭적인 지원으로 도시이미지팀을 만들었고, 그 행정담당자가 부서의 책임자가 되면서 구체적인 사업을 진행하였다. 첫 사업은 남양주시의 환경색채가이드라인을 만드는 일과 경관에 가장 큰 피해를 주고 있는 옥외광고물, 공장 및 축사지붕의 색채개선방향을 정하는 일이었다. 이 사업의 진행에 있어 몇 가지 원칙을 세웠다. 남양주시의 경관자원을 정리해 나가는 것과 시민들의 참여를 이끌어 내는 것, 규제보다는 장기적인 유도를 통해 경관을 개선해 나가는 것이었다. 지금도 그렇지만 지자체에서 실시하는 많은 색채와 관련된 가이드라인은 지나치게 규제가 심해 디자인의 개성과 자율성을 막는 경우가 많았고, 백화점의 상품목록처럼 너무 두꺼워 실효성이 떨어지는 전시행정의 폐해가 있어서, 남양주시의 색채계획에서는 현 단계를 고려하여 보다 일상적으로 적용할 수 있는 대안으로 이러한 문제점을 적극적으로 개선해 나가고자 했다.

우선 남양주시 전역을 54개의 조망 포인트로 나누어 교차로와 조망지점에 따라 경관의 현황을 파악하고, 활용할 수 있는 경관색채자산에 대한 측색을 수차례 실시했다. 그리고 그 결과를 정리하여 남양주시 경관색채데이터를 만들고, 경관유형에 따라 주거지구, 상가/업무지구, 자연지구, 역사지구 등으로 구역을 나누고 그 지역에 맞는 색채 패턴을 만들었다.

가이드라인을 제시하는 방법에는 구체적으로 사용색을 정해서 적극적으로 경관을 개선하는 방법과 채도의 범위만을 규제하는 느슨한 규정만을 둬 열악한 환경이 되지 않도록 하는 네거티브 체크 방식의 유도가 있다. 남양주시의 색채계획에서는 색채조사 결과로부터 얻어진 60가지 색으로 패턴화시킨 남양주시 권장색채를 자연, 역사보호지구를 비롯한 적극적으로 경관을 보호하고 관리해야 하는 중요한

01 색채를 통한 지역경관 개선 **167**

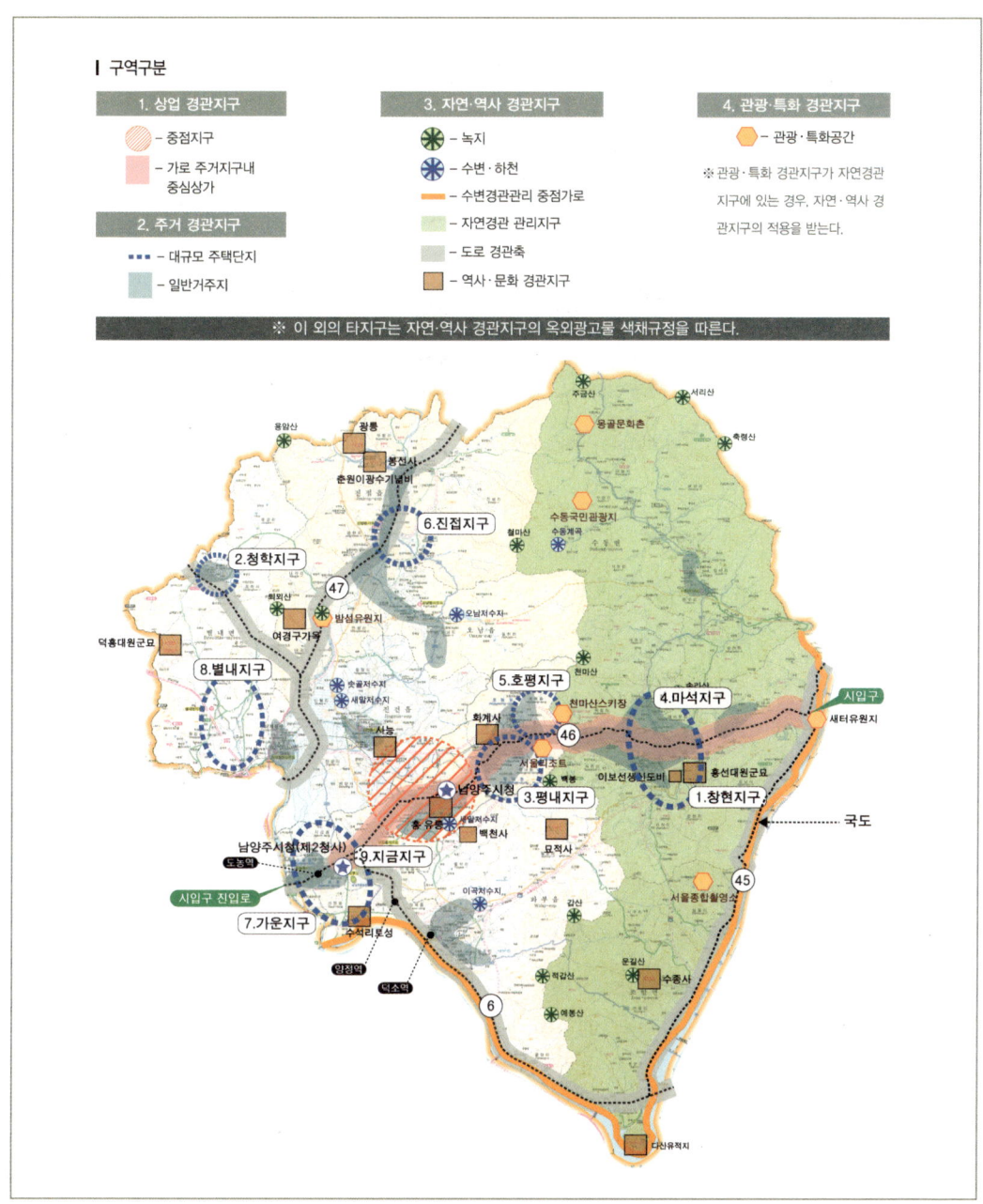

남양주 전역의 조사대상지 및 구역구분도 - 전역의 색채현황을 분석하여, 각 권역의 경관유형특징에 따라 색사용의 방향을 만든다.

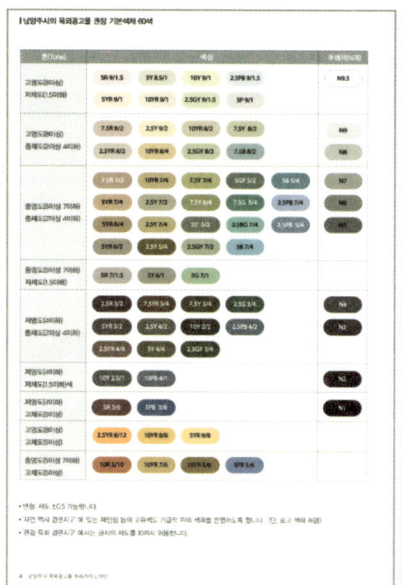

경관색채 조사결과 추출된 기본 60색과 패턴을 옥외광고물가이드라인의 기본색채로 정리했다.

부분에 적극적으로 사용하도록 하나, 어느 정도 활기가 필요한 상가 업무지구와 주거지구에는 지나친 고채도색의 사용을 규제하는 네거티브 체크 방식으로 경관개선으로의 장기적 유도에 초점을 맞추었다.

  그러나 문제는 옥외광고물 색채가이드라인의 제정 대해 지역 옥외광고물 제작사의 반발이 만만치 않았다는 점이다. 광고물 제조업에 종사하는 이들은 옥외광고물규제가 시장을 축소시키고, 생계에 지장을 초래하게 되리라는 우려를 하게 된다. 그래서 이들에게 필요한 것은 색채를 통한 경관개선이 단지 지역을 아름답게 만드는 것에 목적이 있는 것이 아닌, 개성적이고 매력적인 경관형성을 통해 지역의 가치를 높여서 주민수를 늘이고 더 많은 사람이 찾아오게 만들어 지역을 경제적으로 활성화시키는 것에 목적이 있으며, 이 개선이 시장의 확대효과를 가져오게 된다는 것을 이해시키는 것이었다. 그래서 세

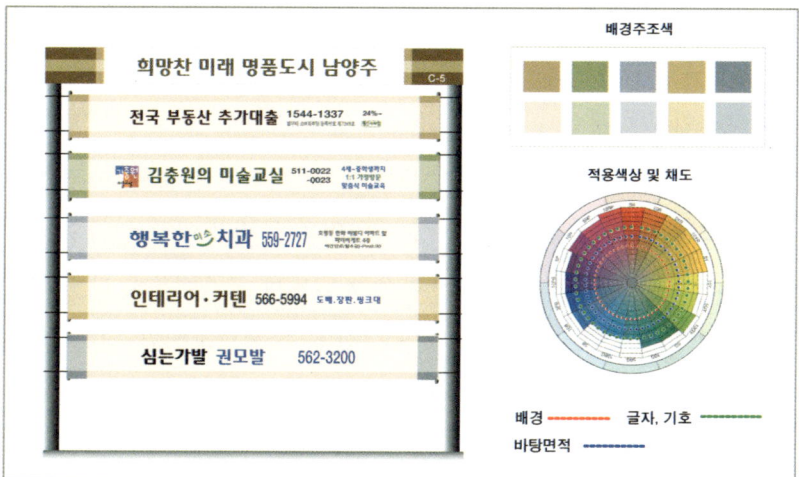

현수막 게시대 역시 글자크기와 채도의 범위만 규정하여 자율성과 경관과의 조화를 동시에 지향했다.

옥외광고물의 정비 시뮬레이션

차례의 협의과정을 통해 서로의 의견을 조율하고, 가이드라인을 알기 쉽게 만드는 방안에 대해서도 협의를 해 나갔다. 경관계획은 행정만이 중심이 되어서도 안 되고, 전문가가 자신의 지식을 지나치게 과시해서도 안 되며 시민들과 따로 진행되어서도 안 되는, 모든 사람들의 힘과 지혜를 모아 진행하는 조율의 미학이다. 서로가 의견이 맞지 않는다고 힘으로 무리하게 진행하면 필연적으로 부작용이 생긴다. 모두가 원하는 것이 100이라고 한다면 70선에서 서로가 의견을 조율하여 점차적으로 조성해 나아간다는 생각으로 일을 진행하는 것이 중요하다. 실제로 처음에는 심한 반발을 보였던 옥외광고물 단체도 조금씩 가이드라인의 내용을 이해하고 협조적인 모습으로 돌아서게 되었다. 행정에서는 작업의 편의를 위한 다양한 방안을 만들 것을 약속했고, 옥외광고물 문제가 제조사와 행정, 상인만의 문제가 아닌 건물주와의 관계도 포함하기 때문에 이러한 문제가 없도록 구조적으로 해결하는 방안까지도 의견을 나눠야 함에 공감하였다. 시민모임인 워킹 그룹 역시 지속적으로 회의에 참여하는 가운데 관심이 높아졌으며, 공공의 색채에 대한 공감대를 확산시키는 주체로 성장해 갔다.

남양주시 옥외광고물 가이드라인은 공장 및 축사지붕 색채계획을 포함해서 20쪽을 조금 넘는 아주 얇은 책자지만 누구나 기본적인 색상과 명도, 채도의 뜻만 알면 이해할 수 있도록 알기 쉽게 되어 있으며, 색표가 수록된 부록 CD-ROM을 배포하여 작업하는 사람들이 쉽게 그 색을 적용할 수 있도록 했다.

또한 남양주시 기본환경색채 120색을 수록한 표준색표집을 만들어 시민들에게 배포했다. 이것은 주택의 외벽이나 아파트, 간판, 시설물

등 일상생활 공간에서 남양주시의 개성을 반영하는 색채를 사용하여 장기적으로 색채를 바꿔나가는 참여형 색채개선을 염두에 두고 만들었다. 사실 지역의 색이 있더라도 생활주변에서 대부분의 사람들이 그 색이 무엇이고 어디에 있는지 모른다면 무용지물이 될 수밖에 없다. 표준색표집은 그것을 널리 알려나가기 위한 의도로 만들어졌고, 각 색에는 남양주시의 고유번호를 표시했고 건축물과 시설물 어느 곳에 사용하면 좋은지를 기호로 나타냈다. 그리고 색표집의 제일 앞 부분에는 5페이지를 할애하여 어떻게 사용하는지를 적어서 누구나 불편함 없이 지역의 색을 사용할 수 있도록 하였다.

  120색으로 만들어낼 수 있는 색채의 가능성은 무한하다. 사진들과 같이 지금도 남양주시 곳곳의 작은 부분들이 전체적인 큰 관점 속에서 남양주시의 경관색채는 조금씩 개선되어 가고 있다. 행정에서 급하게 진행하는 경관개선사업에 비해 당장 눈에 보이는 성과는 약할 수도 있으나, 시민들의 참여를 적극적으로 유도하며 지역이 가진 창조성의 기반 위에 만들어 가는 경관색채계획은 조금씩 그 힘을 더해 나갈 것이다.

그러나 이렇게 가이드라인만 만든다고 경관색채의 개선이 제대로 되는 경우는 거의 드물다. 구체적인 진행에서 전문가나 코디네이터가 지속적인 어드바이스를 해 나가고 행정과 시민들 속에서 핵심역할을 할 사람들을 키워내는 것이 필요하다. 그 사람들이 향후 남양주시의 경관개선의 주도적인 역할을 해 나갈 것이기 때문이다. 지역의 경관개선은 지역사람들 스스로의 자각으로 진행하도록 하는 것이 전문가의 역할이다. 전문가는 전체적 진행의 '징검다리' 역할이 되어야 하는 것이다.

이러한 목적에서 경관색채개선에 관한 모든 사업을 공식적으로 홈페이지 등을 통해 알려나가고, 시민들의 의견도 적극적으로 수렴하고 있다. 워킹 그룹이 경관개선의 중심이 될 수 있도록 교육과 체험의 기회를 제공하는 등의 지원사업도 지속적으로 실시해 나가고 있다.

그 외에도 경관과 색채의 중요성을 알리기 위한 국제심포지엄을 두 차례 개최하고, 관객도 전문가와 행정가만이 아닌 방청객을 포함하는 지역시민들이 중심이 되게 하였으며, 전국지자체 관계자들의 참여를 유도하고 언론홍보를 통해 새로운 붐이 일어나고 있다는 것을 알려 나갔다. 이러한 활동을 통해 주민들의 경관색채에 대한 이해를 높이

시민들과의 지속적인 간담회.
옥외광고물 종사자들과도 지속적인 간담회를
같이 전개해 나간다는
공감대를 형성한다.

고, 적극적인 동참을 이끌어낼 수 있는 기반작업이 가능해진다.

그러나 지금까지 해 온 일련의 과정에서 무엇보다 큰 성과는 시의 단체장을 비롯한 담당부서 책임자, 시민단체와 시민들 속에 경관에서 색채의 중요성이 확산되고 있다는 점이다. 지금도 아파트의 무절제한 그래픽 사용에 항의하러 나가야 하고, 아름다운 강변에 벽화를 그리고자 하는 부서와 마찰을 감수해야 하며, 기준을 따르지 않고 주변경관을 헤치는 옥외광고물을 만들려는 상인들과 부딪치는 등의 힘든 업무가 많아지고 있지만, 장기적으로 남양주시의 매력적인 경관을 만들고 지키고자 하는 남양주시 사람들의 의지는 더 확산되어 나가고 있다. 또한 다음 단계로, 눈에 보이는 경관색채만이 아닌 지역의 예술활동 활성화, 상상력 캠프, 개성적인 시가지의 환경조성 등 '눈에 보이지 않는 경관색채'의 기반을 만드는 작업도 점차적으로 착수해 나가고 있다. 지금 당장 눈에 보이는 성과는 미약하지만 이렇게 같이 해나가고 장기적으로 색채개성을 키워나가는 가운데 도시공간은 색채개성을 질적으로 더욱 성숙된 도시공간이 형성되어 나갈 것이다. 이것이 프로세스를 중시하며 색채를 통해 지역의 경관을 코디네이트해 나가는 중요한 이유다.

골프장의 색채개선
색채의 개선을 통해 자연환경에
자극을 주지 않는 공간을 형성시켜 냈다.

남양주시 표준색표집

01 색채를 통한 지역경관 개선   175

실제 적용사례 1

실제 적용사례 2

Landscape Color Design

자연을 닮은 도시를 디자인한다

　세계 유수의 매력적인 도시들을 보면 하나같이 공통된 특징이 있다. 자연과 역사가 도시 속에 살아있는 것이다. 현대적인 건축물과 시설, 예술품들이 더해지더라도 전체적인 도시이미지의 흐름을 헤치기보다는 일상의 변화로운 악센트로 작용하는 경우가 많다. 한 예로 파리의 라데팡스 지구를 들 수 있다. 전통적인 파리의 현대적인 지구면서도 도심의 도로축과 건축물이 갖는 디자인의 연계성, 구역의 독특한 이미지 등으로 파리의 새로운 명소가 되면서 파리 전체적 이미지에 활기를 부여하고 있다. 스위스 같은 곳에서는 건축물을 지을 때 일정한 시간을 두고 주변 자연과의 관계를 조율하고 있으며, 지형과의 조화, 자연의 돌과 수목 하나까지도 전체 자연경관에 영향을 미치는 중요한 요소로 여기고 있다.

　건축물은 자연의 일부분이다. 인간이 자연의 위험으로부터 몸을 보호하기 위해 빌려쓰는 안식처자, 새로운 것을 만들기 위한 거점이다. 그러한 인공적인 건축물이 자연을 압박하기 시작하면 도시의 질서는 위배되기 시작한다. 그렇기에 최대한 자연의 질서를 닮고자 하는 노력의 결실을 거둔 도시들은 아름다운 매력과 조화로움을 가진다. 특히 소재와 주변 지형과의 조화로움, 건축물 간의 관계성, 문화의 깊이와 배려를 통해 사람들의 삶이 자연에 수긍하도록 발달되어 있다.

　우리 주변을 둘러싼 자연의 색은 사계절 변화한다. 사계절 무더운 날씨가 계속되는 곳이나, 추운 날씨가 계속되는 곳에 비하면 희로애락이라는 감정의 변화와 같이 신이 내린 축복이다. 그런 환경에서의 경관의 색채는 변화하는 계절의 색채에 어울릴 수 있는 조화로움을 필요로 한다. 그것이 경관색채계획의 기본적인 관점이 된다. 건축물이 세워져 새로운 풍경을 만들 수도 있지만, 자연과 합일된 익숙한 풍경의 공간이미지는 시간이 지날수록 깊이감을 더해가며 서로 동화되어 간다. 그것이 경관색채의 에코 디자인 eco design 의 관점이다. 자연을 닮아가는 경관의 색을 만들어 가는 것이다.

농어촌공사의 나주 금천 전원마을사업의 경관색채계획에 참여한 것은 배꽃이 한참 만발하던 5월 초의 일이었다. 총 120세대의 전원주택과 타운하우스로 구성될 단지계획의 사전답사로 금천마을을 방문했을 때 대상지 주변에는 배꽃이 한창 무르익고 있었고, 대상부지는 붉은 흙빛이 낮은 경사지를 따라 펼쳐진 인상적인 곳이었다. 구릉 사이로 얕은 물길이 있었고 구릉 위로는 갖가지 소나무가 몇 그루 남아 있어 정취를 더해준다. 그러나 새롭게 놓인 고속도로와 혁신도시의 부지로 선정된 길 건너편의 대지에는 대규모 고층 건축물군이 들어설 예정인 곳이기도 했다.

이곳의 전체적인 색채계획의 콘셉트는 우선 주변 자연환경과의 관계를 고려하여 배꽃이 피는 화사한 주변풍경과 건축물이 자연스럽게 하나로 느껴지게 하는 것이다. 내부의 조망은 구릉 위의 두 지점에서 서로를 바라보고 있어 외부로부터의 시선에 영향을 적게 받기 때문에 활기 있는 색을 건축물과 시설물에 적용하고, 외곽의 주택은 주변풍경과 하나로 이어지도록 하는 시각적 연속성을 강조하는 방향으로 정리했다. 경관색채계획의 중요방침은 아래와 같다.

■ **지역 자연환경과의 조화**

나주의 풍요로운 토양과 배꽃, 수목이 어우러진 주변환경과의 조화를 중시한다. 이는 전원마을에 지어질 주택들이 배경이 되는 자연과 조화된 풍경이 되도록 하여 지역의 익숙한 풍경으로 만드는 친환경 거주환경의 조성에 크게 이바지한다.

■ **지형과 주거배치의 고려**

대상지는 낮은 구릉 두 곳을 중심으로 작은 실개천이 흐르는 평온한 풍경을 이루고 있다. 이러한 지형의 높낮이와 진입로의 위치, 주거시설과 커뮤니티시설과의 관계성을 통해 활기와 안정감을 동시에 부여하는 색채계획을 중시했다.

■ **일상 생활공간의 시각변화를 고려**

대상지에 들어서는 주택과 도로, 공원, 시설 및 휴게공간 등 시설마다의 색채특성을 부여하여 공간이미지에 변화를 주고, 전체적인 통일성을 강조해 나간다. 진입구의 커뮤니티시설과 구릉 사이의 주택에는 색채의 활기를 주고, 꽃과 나무의 색채로 계절마다의 색채변화를 유도했다.

■ **조망권의 고려**

각 건축물 및 도로에서 주변풍경과 내부풍경의 변화를 즐길 수 있도록 시각적인 배려를 해 나갔다. 보행자 도로를 따라 채도와 명도의 작은 변화를 주고, 단지의 고저에 따른 단층적 색채의 차이를 두었다.

■ **건축구조의 반영**

건축구조와 배치에 따라 주조색, 보조색, 강조색을 적용하여, 통일감이 있으면서도 다양함을 느낄 수 있는 건축구조를 정립해 나간다. 이러한 작업을 위해 조경, 건축, 설비 등의 다른 분야의 관계자와 색채를 조율했다. 고채도의 강조색은 사인색과 커뮤니티 시설의 일부에만 사용한다.

이러한 원칙에 따라 색채자원을 조사하기 위해 우선 주변 자연환경에 대한 측색을 실시했다. 조사에 참가한 사람들은 이 부지 주변의 토양색에 큰 차이가 없다고 했으나, 그 흙을 면밀히 채취하여 측색을 해보면 그 색채의 다양함에 놀라게 된다. 기본적으로는 붉은 흙빛을 띠는 적토가 중심이 되어 있으나, 그 색의 폭도 꽤 넓다는 것을 알게 된다. 황토는 타 지역에 비해 붉은 기운이 많이 나지만, 전체적인 색 톤은 다음과 같이 5가지로 분류할 수 있다. 대상지 내의 숲 두 군데서 추출한 암석과 토질의 색채는 전형적인 남도토양인 적갈색의 특징을

돌과 흙덩어리

토양의 다양함

5가지 중요토양의 색채

꽃잎의 측색

수집된 대상지의 꽃과 풀

나무껍질

명확히 보여주고 있다.

　주변의 숲에는 대나무 숲과 곰솔 소나무, 리기다 소나무, 리기테다 소나무 등의 수종이 중심을 이루고 있으며, 그 외에 잡목이 분포해 있어 타 지역과 수종에 따른 색채의 변화는 크게 보이지 않았다. 그 외에 대상지 외곽의 민들레, 메밀 등의 다양한 들꽃에서 색채의 풍부한 변화를 보이고 있었다. 전체적으로 토양은 풍요로운 색변화를 가지고 있으며, 주변 자연환경은 배꽃을 중심으로 각종 들꽃들이 어우러진 온화한 색채환경을 이루고 있었다. 부지 주변에는 높은 산이 없고 낮은 언덕을 따라 농가와 배나무 등 과실수가 폭넓게 심어져 있어 색채계획에서도 이러한 주변과의 조화를 고려해야 한다.

색채현황분석

■ 토양의 색채분포

　국내 대다수의 토양과 마찬가지로 토양의 분포는 YR과 Y계통이 주종을 이루고 있으나 그러면서도 다소 붉은 기운이 강한 색조를 띄고 있다. 그러나 색상의 주된 분포는 5YR~10YR에 있으며, 명도는 4~7 사이의 중명도가 주종이나, 적갈색을 띠는 토양에서는 2 이하의 명도도 보인다. 채도는 전체적으로 4 이하의 저채도이나 적갈색의 토양에서 6 정도의 고채도를 보이고 있다. 비슷해 보이는 토양의 색채 안에서도 다양한 채도와 명도의 변화를 볼 수 있다. 이 토양의 색채는 남도지역의 특성 있는 색채로서 수목의 녹색과 보색대비를 이루며 강렬한 이미지를 전달하는 역할을 한다. 이 외에도 저채도의 G계열의 색상이 부분적으로 분포하고 있다.

■ 수목의 색채분포

　수목의 색채는 보통 배경의 역할을 한다. 수목은 G와 GY색상이 주종을 이루는 것은 타 지역과 큰 차이는 없으나 배꽃 등에서 고명도의 Y색상이 보이는 것이 특징이며, 주변의 꽃과 잎 등에서 YR, Y, P, RP 등의 다양한 색상출현을 볼 수 있다. 채도는 1에서 12까지 분포가 다양하다. 꽃잎의 색채에서는 10 이상의 채도를 보이는 곳도 있으며, 나뭇잎 등에서도 6 이상의 고채도의 경향을 보이고 있으나 명도는 5 이하의 중, 저명도가 중심이 되어 있다. 특히나 배꽃과 꽃술, 메밀꽃, 민들레 등에서 보이는 주변의 다양한 꽃의 색상분포는 지역풍경의 악센트 역할을 하고 있으며, 실제 색채계획에서도 적용할 수 있다.

■ 주변환경의 색채분포

주변에는 높은 산들이 없고 낮은 구릉이 이어져 있는 형태로 논과 밭이 펼쳐져 있다. 논의 풍요로운 녹음과 배꽃의 흰색이 조화로우며, 계절에 따라 토양의 적갈색과 조화되는 진한 갈색으로 변화한다. 단, 파란색상 계열인 고채도의 자극적인 공장의 지붕색이 주변의 편안한 색상분위기를 방해하고 있으며, 민가의 지붕에서 보이는 파란색 계열의 색상 역시 외부환경의 연속성을 저해하는 요소가 되어 있다. 그러나 민간의 지붕색이 주변에 미치는 영향은 크지 않으며 농촌에 조금이라도 산뜻함을 주고 싶은 농가의 색채문화의 하나라고 생각된다.

패턴화

본 금천 전원마을의 색채계획을 위해, 측색조사에서 획득된 데이터를 명도와 채도의 구분에 따라 3가지 패턴구조로 정리했다. 꽃 등에서 얻어진 고채도의 색상은 사인이나 시설물의 악센트 색으로 활용된다. 여기서 중요한 관점은 조사된 색을 그대로 적용하는 것이 아니라, 그 색들이 살 수 있도록 인공물의 색을 맞추는 것이다.

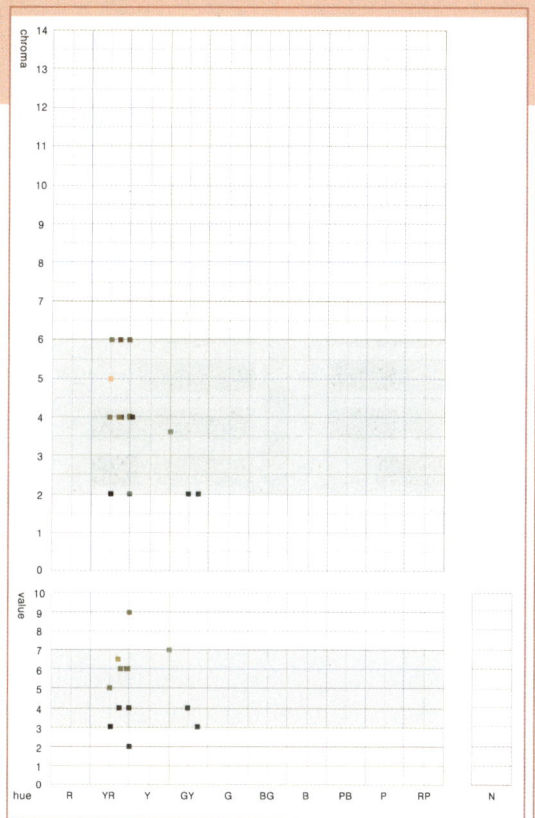

토양의 색채분포

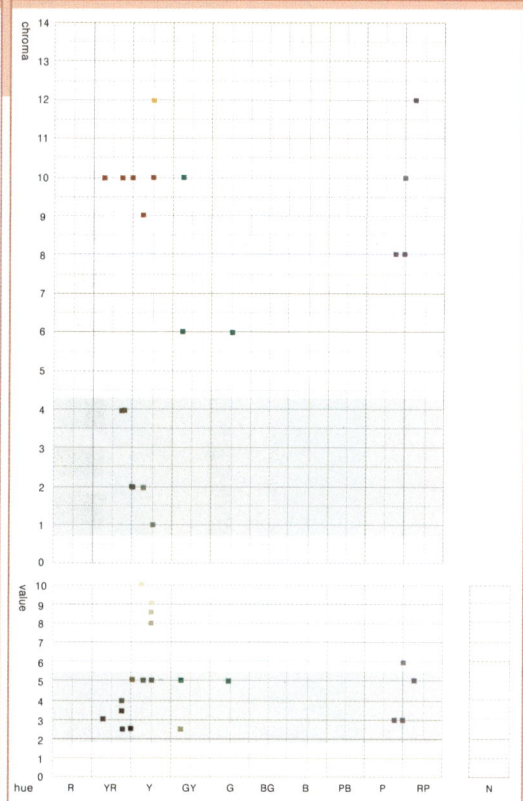

수목의 색채

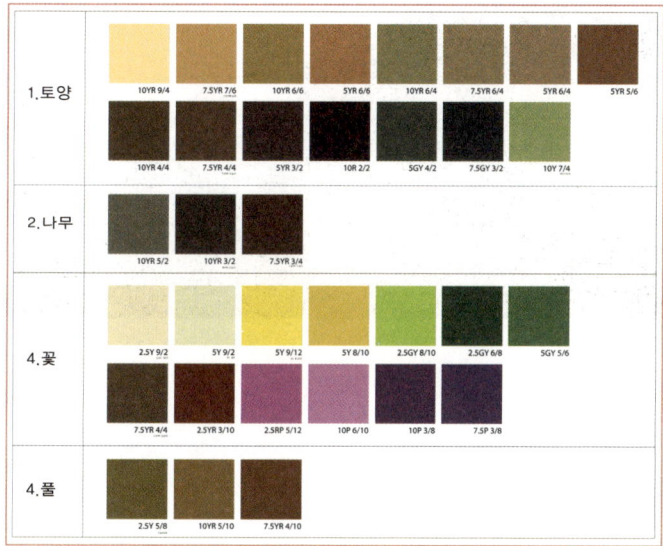

추출된 대표색채

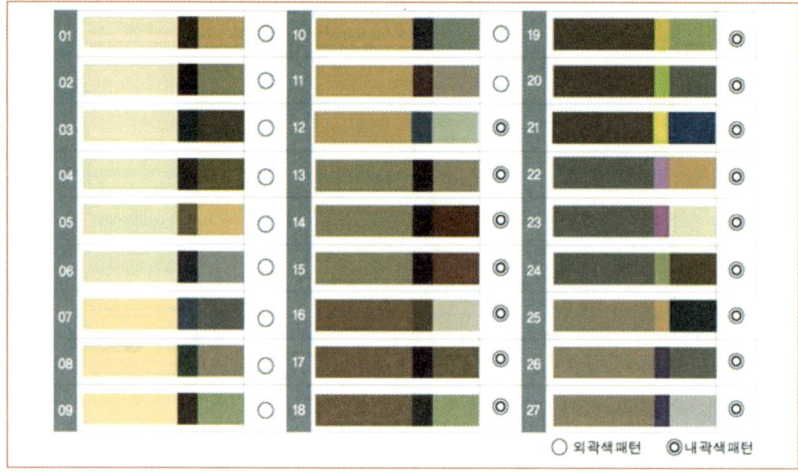

구분화된 배색패턴

자연배경과 적용이미지

① 패턴1 - 주조색 : YR계통의 고명도, 저채도 밝은 톤
　　　　　　보조색 : 나무와 토양의 YR계통의 중명도, 중채도의 톤
　　　　　　강조색 : 나무의 YR계통 저명도, 저채도의 어두운 톤

부지 외곽의 주택에 사용

② 패턴2 - 주조색 : YR계통의 고명도, 중채도 밝은 톤
　　　　　　보조색 : 나무와 토양의 YR계통의 중명도, 중채도의 톤
　　　　　　강조색 : 나무의 YR계통 저명도, 중채도의 톤

부지 내의 주택에 사용

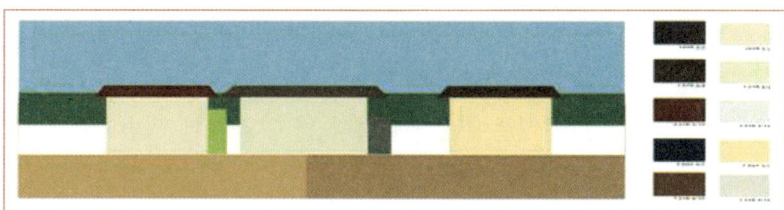

③ 패턴3 - 주조색 : YR계통의 고명도, 저채도 중간톤
　　　　　　보조색 : 나무와 토양의 YR계통의 고명도, 중채도의 밝은 톤
　　　　　　강조색 : 나무의 YR계통 저명도, 저채도의 어두운 톤

커뮤니티시설에 사용

위의 시설을 중심으로 시설물과 사인, 가로등에 자연소재로부터 추출한 고채도의 화사한 색상을 적용했다. 지붕의 색채는 하늘과 수목과의 경계지점에 해당되므로 저명도, 저채도의 YR계통과 저명도, 중채도의 R계통으로 하여 차분함과 활기를 동시에 부여하여 주변에서 단지를 봤을 때 색채의 전체적 통일감이 느껴지도록 했다. 구체적 방침을 정리하면 아래와 같다.

방침 1
시각적으로 외부공간의 색채변화를 반영
- 배꽃과 수목의 밝은 색변화를 고려하여 외벽주조색은 전체적인 색채를 밝고 온화한 색톤으로 구성하여 전원마을이 자연풍경의 한 부분으로 녹아들도록 구성
- 지붕색은 밝은 색을 차분하게 눌러주는 토양의 저명도 저채도색을 적용

방침 2
공동공간에 삶의 활기를 부여
- 내부 커뮤니티죤에는 외부보다 밝고 화사한 색변화로 생활공간에 활기를 부여

방침 3
시각적 조망권의 아름다움을 반영
- 지형의 높낮이를 고려하여 위에서 주위를 바라보는 조망과 아래에서 위를 바라보는 조망의 변화로 시각적 변화를 유도
- 상부에는 고명도, 저채도의 색톤으로 구성하고 하부에는 수목의 변화를 고려하여 토양의 색과 조화되는 고명도, 중채도의 YR계통을 적용

방침 4
계절변화를 고려한 색채사용
- 계절의 변화에도 온화함을 유지하도록, 녹색공간, 토양공간과의 분절이 필요

부지의 색채구성

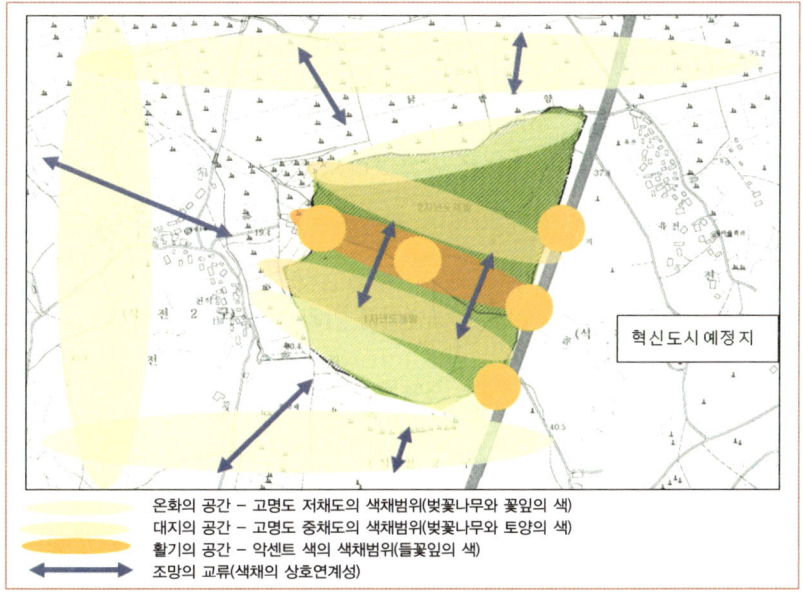

부지의 색채구성

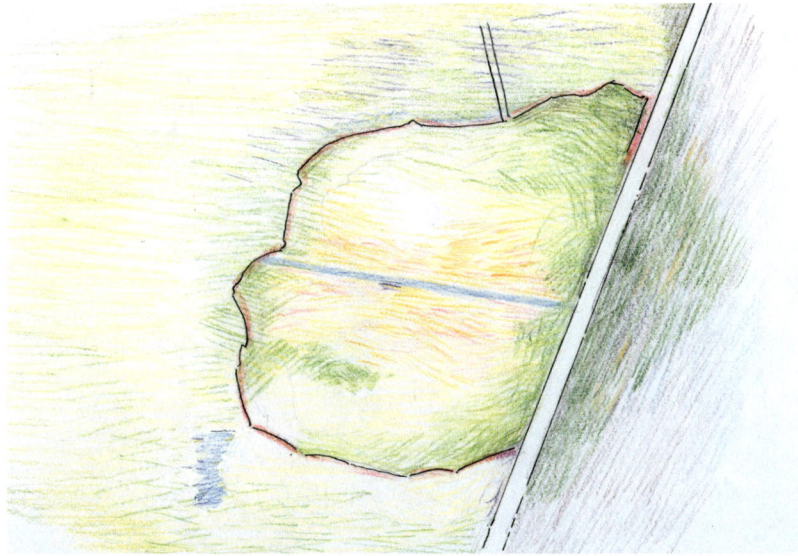

전체 색채구성 이미지 – 손으로 그림 스케치는 자연스러운 색채이미지의 구상에 컴퓨터 작업보다 도움이 된다.

이러한 과정을 통해 전체적인 색채의 방향성과 디자인이 정리되고 컴퓨터 시뮬레이션으로 실제의 이미지가 완성되었다. 외부공간은 주변자연과 시각적으로 조화되도록 하여, 멀리서 차를 타고 지나가면서 보더라도 주변의 자연풍경과 마을의 풍경이 하나의 그림처럼 보이도록 하였다. 그러나 마을내부의 커뮤니티시설에는 활기가 감도는 색들이 분포되어 있다. 이러한 지형에 적합한 색채의 관계성 정립을 통해 전체적인 리듬감이 강조되도록 하여, 전원마을에 사는 사람들에게 자연 속에서의 생활의 즐거움을 가질 수 있도록 색채와 소재를 배려했고 외부에서 단지를 바라보는 이들에게도 익숙한 풍경을 제공하도록 했다.

이제 본격적인 공사에 들어가고 이러한 계획이 실행되면 그 구체적인 윤곽이 들어날 것이다. 그리고 시간이 흘러 이 마을의 색채는 더욱 자연과 함께 무르익고 동화되어 자연을 닮아가는 마을이 되어갈 것이다.

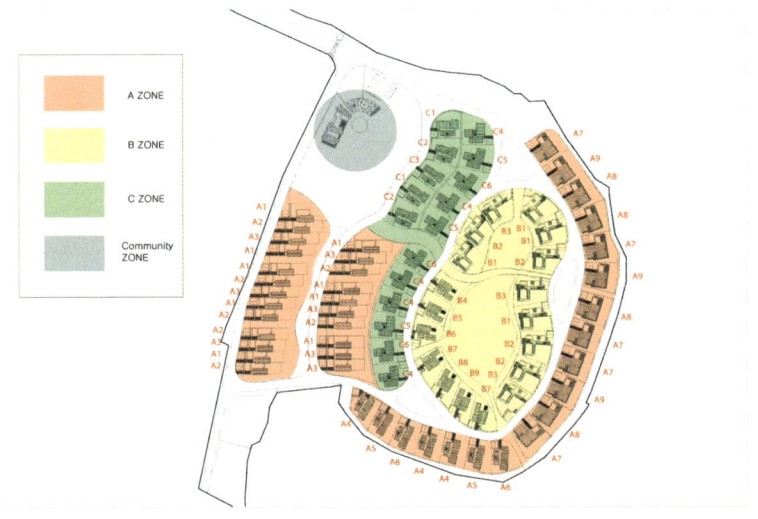

나주시 금천마을 배치도 조닝계획

02 자연을 닮은 도시를 디자인한다 **189**

커뮤니티시설의 색채계획

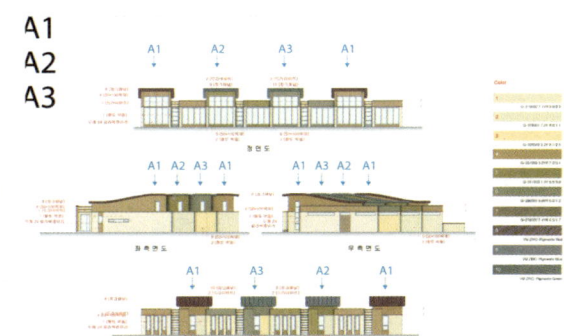

타운하우스의 색채계획

A구역의 색채계획(부분)

B구역의 색채계획(부분)

Landscape Color Design

전통을 살린 도시의 재생

마카베마치는 일본의 이바라키현 사쿠라가와시에 있는 작은 마을이다. 에도시대부터 돌을 이용한 산업이 발달되어, 지금도 일본을 대표하는 돌조각과 석재의 생산지기도 하다. 그래서 마카베이시마카베 돌이라고 하면 석재제품 중에서는 명품으로 통하고 있다. 최근에는 대량생산을 하는 공장 등은 중국으로 이전하고 기술적으로 중요한 것만 마카베에서 생산하고 있으나, 그 오랜 역사적 기풍과 츠쿠바산이 바라보이는 자연경관의 풍경은 운치가 있다.

그러나 에도시대부터 번성한 이곳도 버블경제의 시기에 불어온 외관개조의 영향으로 전통적인 건축물이 기형적으로 변하고, 마카베의 거리와는 어울리는 않는 현대식 건축물들이 곳곳에 들어섰으며, 건물을 유지하기 힘들었던 건물주들은 그 건물을 부수고 주차장 등을 만들어 가로의 연속성이 상실되어 있는 곳도 늘어나고 있었다. 일본에는 전통적건조물군보존지구라는 제도가 있어 역사적 보존가치가 있는 거리나 마을을 국가에서 지정하고 원형의 복구와 지속적인 관리에 힘을 쏟고 있는데 일본의 중심인 관동지역보다 나라, 쿄토 등의 관서지역, 토야마, 나가노 등의 도시에 지정된 곳이 많다. 그것은 도쿄와 오사카 등 대도시들은 버블 경제시기에 기존의 전통건조물을 거의 부수고 현대식 건물을 올린 곳이 대다수여서 그 원형이 잘 보존되어

있지 않기 때문이다.

다행이 마카베시에는 그 당시의 원형을 알 수 있는 지역 고유양식의 건조물들이 많이 남아 있어, 더 적극적인 도심재생의 방법으로 전통적건조물군보존지구 설정을 위한 3년간의 조사에 착수했다.

이 조사에서도 색채계획은 지역의 개성을 재생시키는 중요한 요소로 인식되어, 하나의 분야로 참여하게 되었다. 이러한 전통적인 도시의 경관색채의 정비에는 두 가지 중요한 요소가 있다. 하나는 지역 소재색의 면밀한 조사고, 또 하나는 건축물 간의 연속적인 색의 변화다.

경관색채의 특성을 파악하기 위해서는 점적인 분석방법과 선적, 면적인 분석방법이 있다. 점적인 분석방법은 지역의 곳곳에 퍼져있는 상징적인 건물이나 시설, 자연의 중요색채를 정리하여 지역의 색채로 규정하는 것이고, 선적, 면적인 방법은 가로와 구획의 연속적인 색의 변화를 물리적으로 파악하여 시각적으로 보이는 색채특징을 정량화

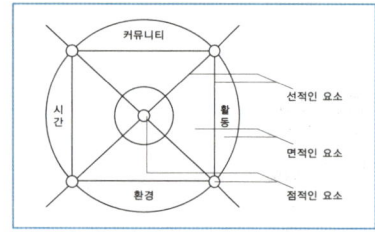
경관 구성요소의 개념도

하는 것이다. 사람들은 일반적으로 걸어다니며 도시의 이미지를 파악하기에 선적, 면적인 분석방법은 전통적인 거리의 색채특징을 정리하는 데 효과적이다. 마카베시의 조사에는 향후 보존과 정비를 위한 지역의 색채를 찾아내는 것과 현대적 건축물을 포함한 거리의 연속성을 높여내기 위한 선적, 면적인 색변화를 파악하는 것, 두 가지 연구방법이 중심이 되었다.

도시의 매력적인 이미지를 높여내기 위해서는 거리의 연속성을 높이는 것이 매우 효과적이지만, 자칫 지나치게 일률적으로 연속성을 강조하면 획일화되고 단순한 경관이미지가 될 가능성이 높다. 시간의 변화에 따른 다양성은 고려해야 하며, 따라서 최근에 지어진 서양풍의 주택도 거리의 풍경을 만드는 한 요소로서 역사의 한부분으로 해석해야 할 필요가 있다.

이러한 관계성 속에서 거리품격을 재생하는 것은 쉬운 작업은 아니다. 작업은 우선 2년에 걸쳐 계절별 색의 변화와 건축물과 시설물의 색채, 지역 역사자료의 정리, 자연소재의 색채파악, 건축소재의 분석 등을 실시했고, 가로를 6개의 중요축으로 나누어 파사드의 연속적인 입면의 색채변화를 조사했다. 건축물의 색채조사시에는 건축물의 지붕과 건물외벽, 담장 외에도 특징 있는 색채를 요소별로 추출했고, 이후의 색채정비에 사용할 수 있도록 정리했다. 특히 마카베시는 돌 생산지로 유명한 거리답게 돌을 사용한 다채로운 외벽과 담장이 거리의 풍경을 만드는 중요한 요소가 되어 있기에 석재의 색채분석에는 특히 주의를 기울였다. 장기적인 조사가 꼭 충실한 조사결과로 이어진다고는 할 수 없으나 몇 번이고 중요한 부분을 확인, 점검하는 속에 시간의 변화에 따른 소재의 색채변화 등 세밀한 변화를 찾을 수 있다.

아래는 조사결과 얻어진 마카베시의 중요 소재색과 연속적인 거리의 색채변화다.

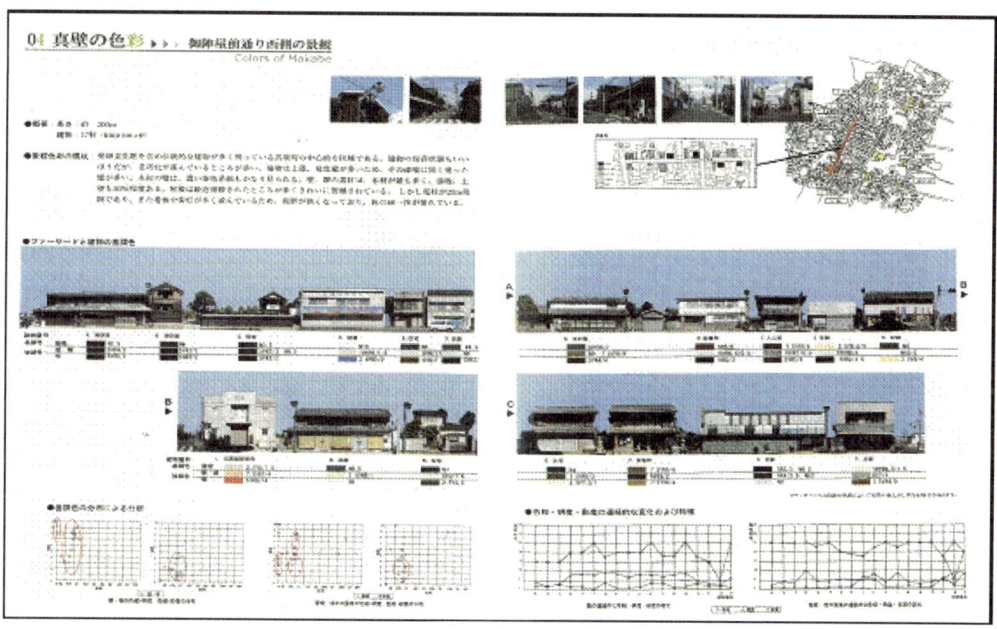

마카베시는 에도시대부터 돌 생산지로 유명하여 다양한 문화교류가 활발했고, 그만큼 역사적인 건축물의 양식도 다양하다. 가장 중요한 가로인 고진야마에 거리에는 옛 우체국 건물을 비롯하여, 역사적인 가치를 지닌 주택들이 연속적으로 나열되어 있다. 다른 가로 곳곳에도 옛 창고건물인 쿠라가 남아 있어 그 보존가치가 높다. 그래도 다른 지역의 역사지구에 비해 주조색의 분포가 넓으며, 소재의 수도 많다. 그것이 적절히 어우러져 다양성과 연속성을 만들어 내는 것이다. 또한 현대적인 건물들이 많이 들어선 가로에서도 벽면색은 주변건축물과의 관계를 고려한 곳이 많다.

이러한 가로 파사드의 연속적 색채를 분석하면 가로 전체의 색채가 어떤 변화특성을 가지고 있는지를 파악할 수 있으며, 건물과 건물 사이의 색채변화의 특징통일·변화의 정도이 물리적 수치로 파악된다. 일반적으로 우리의 눈에는 많은 색채요소가 들어와 종합적으로 색채이미지를 판단하기 때문에 경관이미지의 색채요소는 대략적으로 판단할 수

밖에 없으며, 특히나 색상, 명도, 채도의 색속성 중 어떤 요소의 영향이 큰가를 파악하기는 더 힘들다. 연속적인 색채분석은 알기 쉽게 그러한 부분을 해소시키며, 가로와 건물의 어떤 색채요소를 조절하면 되는지에 대한 예측도 가능하다.

이 분석결과와 지역소재색 조사결과와의 조합, 그리고 자연공간과의 색채관계를 파악하면 지역의 풍경과 어울리는 색채의 범위도 대략적으로 알 수 있다. 일본은 습도가 높은 나라다. 습도가 높은 곳은 색을 칠하더라도 오래 지나지 않아 색이 바래기 때문에 시간의 변화에 따른 색채변화의 예측이 필요하며, 역사적 거리의 경우에는 도장보다는 소재 본연의 느낌이 나도록 하는 것이 중요하다. 주요한 색채조사에 있어서도 측색기 등을 이용한 정밀한 방법도 좋지만, 때로는 숙련된 전문가에 의한 색표를 이용한 시감측색이 소재색의 파악에 더 효과적일 수 있다. 오히려 기계에 지나치게 의존하면 소재가 가진 색군의 분포가 한정될 가능성도 있기 때문이다.

시뮬레이션을 통해 변화된 거리이미지를 알려나가고, 공감을 얻은 후에 실행을 한다.

거리의 다양한 시뮬레이션 - 이 결과를 실제로 실행해 나간다.

조사연구결과는 분기별 시민공청회를 통해 지역주민에게 알리고 지역색에 대한 관심을 높여 나갔다. 그것은 경관의 이해를 다 같이 공유하고 주민의 참여를 유도하기 위해서기도 했다. 실제로 연구조사위원회에는 마카베시의 시민대표들이 워킹 그룹으로 참여하여 같이 회의를 진행했다. 이러한 진행방법은 전문가들이 빠뜨리기 쉬운 지역의 중요한 자산에 대한 주의를 환기시키고, 주민들에게 중요한 일상의

마카베시의 외부경관색채의 정비표준색

풍경을 살린 경관디자인을 가능하게 한다. 일본의 전통적건조물군보존지구 설정에 있어 해당 지구주민의 전원 동의가 없으면 지구설정이 안되게 한 것은 지역의 경관을 만드는 이가 지역주민이라는 관점으로 봤을 때는 매우 훌륭한 방식이며, 관 주도의 일방적 진행을 막을 수 있다. 결국 그 속에서 살아가는 주민이 경관의 주인이 되어야 하기 때문이다.

이러한 일련의 과정을 통해 마카베시의 경관색채이미지는 팔레트로 정리되고, 소재의 샘플과 거리의 특징들도 정량화되었다. 그 결과, 얻어진 자료는 조사진행 중에도 건축물을 짓거나 보수할 때 색채의 기준으로 사용되었고, 그 결과 3년 후의 마카베시의 풍경은 현대적 주택이 지어진 곳의 색채도 주변 건축물과의 관계가 배려되어 차츰 연속성이 살아나고 있다. 이러한 과정을 통해 가로와 건축물의 색채는 마카베시의 익숙한 풍경으로 점차 자리잡혀 나갈 것이다. 지금 정비되고 있는 건물도 5년 후에는 더 높은 품격으로 그 가로의 한 부분이 될 것이며, 과거와 현재, 그리고 미래의 시간이 멈춰진 풍경이 되어 갈 것이다.

그러나 이러한 마카베에도 차분한 색만 있는 것은 아니다. 마카베시의 축제는 관동지역에서도 유명하다. 축제의 화려한 풍경은 일 년에 두 번, 지역의 조용함을 깨고 화려한 색으로 거리를 물들이며 활기를 가져온다. 축제를 보기 위해 전국 각지에서 찾아온 사람들과 지역에서 축제를 준비하는 사람들이 혼연일체가 되어 지역의 색채를 화려함으로 바꿔 놓는다. 그리고 이 지역의 명물중의 하나인 히나마츠리_{오래된 인형을 집 앞에 장식하는 축제}는 집집마다 화려한 옷을 입은 전통인형을 내걸고, 꽃장식을 문앞에 걸어둔다. 이 축제는 경관조사를 통해 정비가 시작된 후로 더욱 전국적으로 알려져, 일주일 동안 40만에 가까운 사람들이 이 조그만 마을을 찾아오고 있다. 지금은 전국적으로 유명한 축제가 되어, 평일에도 거리의 정취를 즐기러 오는 사람들이 돌아다니는 모습을 보는 것은 그렇게 어려운 일이 아니다.

경관을 정비하는 것은 단지 아름다운 마을을 만드는 것에만 목적이 있는 것이 아니다. 이렇게 사람을 모으는 힘은 지역의 산업을 활성화시키고 사람들에게 그 지역에서 살아갈 가치를 부여하기 때문에 더욱 중요하다. 경관을 통해 지역을 재생해 나가는 것이다. 그리고 그 속에서 색채는 지역의 개성을 만들고, 삶의 활기를 만드는 중요한 위치를 차지하고 있다.

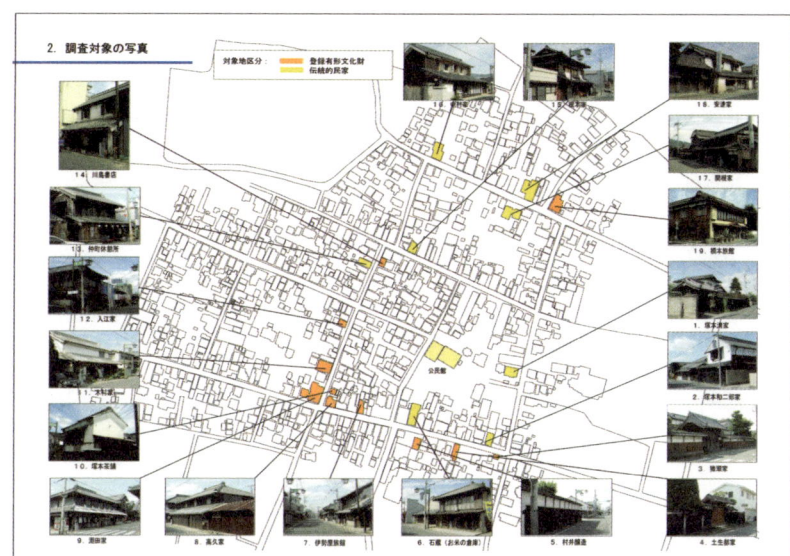

조사대상구역과
대상건물의 사진

주변의 산, 들판의 풍경과
조화로운 색채환경으로
변해가고 있다.

Community Color Design + Space Color Design

색채를 통한 지역의 개성적인 공간창출

호죠北條마을은 일본 이바라키현 츠쿠바시의 북쪽 츠쿠바산 자락에 위치한 작은 농촌마을이다. 에도시대에는 호죠쌀이 유명하여 천황에게 하사하는 쌀을 만들 정도로 농업이 발달해 있었으나, 지금은 젊은 사람들이 도시로 많이 빠져나가고 그나마 남아있는 사람들도 대부분 근교 대도시로 출퇴근을 하고 있다. 그러나 호죠마을에는 아직도 역사적인 건축물이 남아 있는 거리가 있으며, 전원풍경이 아름다운 마을에는 지역성을 알리는 작은 비석이나 사찰, 신사가 남아 있다. 봄에는 전원에 푸르른 벼이삭이 돋아나고 고개를 숙인 허수아비 사이로 보이는 츠쿠바산의 풍경이 운치 있는 아름다운 마을이다.

이곳의 호죠중학교는 일본의 시골마을이 어디나 그렇듯 학생수가 그렇게 많지 않은 작은 학교다. 이 학교 앞에는 이전 철교를 보수한 링링로드라고 불리는 츠쿠바와 외곽도로를 연결하는 자전거도로가 있고, 그 도로 밑으로는 25미터 정도의 굴다리가 있다. 이곳은 낮에도 약간 어두운 분위기를 연출하고 있어 지나다니는 학생들에게 불안감을 주며, 벽에 지저분한 그림들이 그려진 곳이다.

이곳을 지역의 특화된 공간으로 만들어보고자 연락이 온 것은 2005년 겨울의 일이다. 이 공간을 지역의 활기가 넘치는 새로운 공간으로

04 색채를 통한 지역의 개성적인 공간창출   201

학생들과 지역의 어린이들이 벽면을 손바닥에 묻힌 색채로 메우고 있다.

호죠마을의 풍경 – 멀리 츠쿠바산이 보이고 벼이삭의 풍경 속에서 한적함과 평온함이 보인다.

만들어보고자 대학생들과 대학원생들로 구성된 작업팀이 구성되었고, 이러한 작업을 호쿄중학교 미술부 학생들과 진행하기로 했다.

일반적으로 이러한 작업을 할 때 지역시민들은 전문적인 기술이 부족하기에 소재를 제공하는 역할에 그치는 경우가 많고, 전문역량을 가진 학생들이나 숙련된 기술자에 의해 제작되는 경우가 많다 그러나 이렇게 만들어진 공간은 지역에 살아가는 사람들에게 새로운 풍경을 제공할 수는 있어도 오랫동안 사랑받기는 어렵다. 그러기에 이번 프로젝트의 중요한 목적을 학생들에게 알려 지역의 색채를 찾아내게 하고, 그것의 표현에 있어 지역학생들과 주민들과의 공동작업을 통해 그 공간을 지역의 풍경과 조화된 곳으로 만들어나가는 것으로 정했다. 우리의 역할은 참가하는 대학생과 지역의 중학생, 주민들이 지역의 색채를 찾아내고 자신들의 힘으로 진행할 수 있도록 단지 지켜보거나 어려운 상황에 처했을 때, 풀어주는 역할 내지는 안전을 확보하는 정도였다.

먼저 학생들과 마을을 돌아보며 그 마을의 특징을 이해하는 작업부터 시작했다. 사진으로 보거나 이야기로 듣는 것과 달리, 지역의 이미지는 그 마을의 식당에서 음식을 먹으며, 좁은 골목을 걸어다니는 속에서 발견되며, 이렇게 오래된 도시에서는 곳곳에서 삶이 익숙해진 풍경이 새롭게 발견될 수 있다. 이러한 1차 조사를 바탕으로 호쿄중학교 미술부 학생들과 첫번째 워크숍을 가졌다. 물론 중학생들은 숫기가 없어 부끄러워하며 자신을 드러내기 어려워했다. 여러 가지 원인이 있지만 중학교 미술부의 경우 체육부 학생들과 달리 내성적인 성격이 많기 때문이다. 대학생들 역시 경험이 부족해서 서로가 호흡을 맞추는 데 시간이 필요했다. 그래서 지역에서 학생들이 좋아하는 이야기와 풍경, 나무 등을 지도 위에 그림이나 포스트잇에 쓴 글씨 등으로 찾아나가는 게임을 통해 지역에서 소중히 여겨지는 기억들을

지역을 돌아보고 거리의 특징을 정리한다. 이러한 작업은 몇 차례 필요하다.

찾아가기 시작했다. 그렇게 4월의 봄이 시작되었다.

그러한 워크숍을 몇 번씩 해나가며 지역의 개성적인 요소를 중학생들과 공유하며 정리해나갔고, 여름방학이 다가올 무렵에는 서로 친해지고 벽에 그릴 구체적인 그림과 색채도 정리해 나갈 수 있었다. 중학생들은 대학생들이 찾아오는 시간을 항상 기다리고, 대학생들은 이들을 만나기 전에 같이 작업하고 느낄 수 있는 내용을 준비하는 등의 치밀한 준비로 많은 진전이 이루어지고 있었다. 그러나 대학생들 사이에는 자신들만의 세련된 표현을 하고자 하는 의견들이 있어 충돌하기 시작했다.

경관색채와 디자인은 그 공간이 원하는 것을 찾아나가는 작업이며, 그 바탕 위에 디자이너의 감성이 결합한다. 디자이너가 자신의 주관적인 감성이나 순간적인 아이디어에만 지나치게 치우쳐 공간의 특징을 잊어버리게 되면, 그 가치는 공간을 위한 것이 아니라 자신을 위한

지역의 재미있는 이야기꺼리를 지도에 그리고 정리한다.

것이 되고 만다. 그것이 경관색채계획과 일반예술작업이 다른 점이다. 그러한 것을 이해하지 못한 학생들과 마찰하면서 서로 어려운 시간을 겪게 되었다. 이러한 과정은 이들에게는 당연히 부딪치게 될 과정이기에 지켜볼 수밖에 없었다. 같이 의견을 모으고 공통된 방향을 찾아나가는 것은 누구에게나 어려운 일이다.

 그러한 많은 토론 속에서 학생들은 디자인에 대해 원점으로 돌아가고 작업내용도 지역공간이 원하는 것, 학생들과 주민들과 같이할 수 있는 방법을 고민하게 되었다. 중학생들과 다시 지역의 풍경을 모으고, 토론을 통해 지역의 명물인 츠쿠바산과 어울리는 공간, 주변의 논 풍경과 자연스럽게 연결될 수 있는 공간을 만들어 내는 것으로 의견이 모아졌다. 그리고 표현방법에서도 붓을 이용하면 그림을 잘 그리는 사람, 못 그리는 사람의 차이가 나고 누구나 참여하기 힘들다는 의견이 받아들여져 손바닥을 찍어서 전체적인 형상을 표현해 나가는

정리된 내용을 포스트잇이나 점으로 표현하고 전체를 이해해 나간다.

방법으로 의견이 모아졌다.

이때쯤에는 중학생들도 꽤 수준이 높아졌으며, 서로의 의견을 제시할 정도로 친숙해졌으나 아직까지 전체적인 작업방법에 대해서는 경험이 없어 어색해 했다. 그래서 학예발표회를 계기로 테마를 원과 화합으로 정하고 손바닥으로 그리는 연습을 시작했다. 우선 그림그리는 사람들에게 친숙한 앤디 워홀의 마를린 먼로를 대상으로 선택해 A1 사이즈 두 장 크기의 패널에 점을 찍고 그것이 모였을 때 전체적으로 그림이 된다는 체험의 시간을 가졌다. 그리고 큰 그림을 그리기 시작했는데 원칙으로는, 하나, 빈틈이 보이지 않도록 메울 것, 둘, 손바닥에 물감을 확실히 묻힐 것이었다.

이 두 가지로 충분했다. 자신이 칠할 색별로 5개 조를 나누고 각자가 빈 공간에 색을 메우기 시작했다. 그러한 과정 속에서 그들에게 조금씩 자신감이 생겨나는 듯 했다.

직접 그림을 그리는 워크숍은 서로의 벽을 허물고 자신감을 가지게 한다.

이러한 일련의 워크숍과 실습과정을 통해 내용과 기법에 대해서도 서로 자신감이 생겨났고, 공감의 정도도 높아지게 되었다. 그리고 가을이 시작되는 10월 초 드디어 벽에 실제작업을 시작했다. 기본적인 배경칠은 대학생들이 했고, 스케치부터는 중학생들도 참여해서 배경그림을 그려 갔다. 기본적인 칠에 대한 조언은 지역 도장업체 전문가에게 별도로 교육을 받았다.

그림을 그리는 날에는 중학생들과 대학생들은 작업복과 체육복을 입고, 각자가 맡을 색별로 조를 나누었다. 그리고 일반시민과 마을의 어린이, 지나가는 사람들 누구나 참여할 수 있게 했고, 대학생 조장의 지시에 따라 자신만의 개성적인 색을 고르고 색 공간에 자신의 손바닥으로 색을 찍어나갔다. 오후가 지날 무렵에는 참여하는 사람들도 늘어나고 그림은 서서히 츠쿠바산를 배경으로, 논에 이삭이 휘날리는 풍경으로 변해갔다. 그러던 중 과제가 생겼다. 노란색과 녹색을 칠하는 조는 있지만 연두색을 칠하는 조가 없었다. 마찬가지로 노랑과 빨강의 중간색인 오렌지색을 칠할 조도 없었다. 그때 대학생들이 다시 아이디어를 냈다. 중간색을 내려면 노란색의 손바닥과 녹색의 손바닥이 손을 맞잡으면 연두색이 나온다는 것이다. 이렇게 자연스럽게 서로가 손을 잡고 중간색을 만들어 내면서 색을 통해 화합의 과정을 배우게 된 것이다.

그렇게 그림은 서서히 완성되어 갔고, 윗부분은 위험성이 있기에 대학생들이 정리하고 최종 마무리도 대학생들이 빈 곳을 메움으로써

04 색채를 통한 지역의 개성적인 공간창출   207

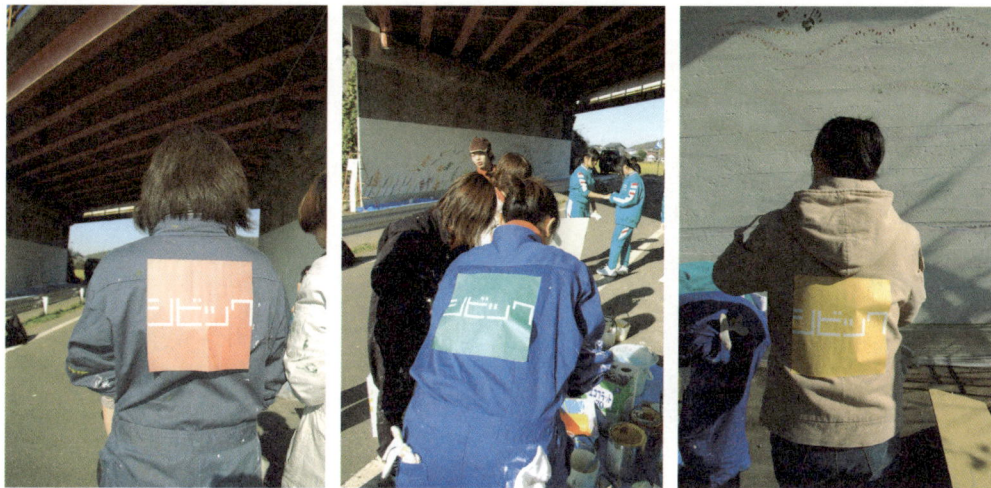
각자 하나의 색을 선택하고 조장의 지시를 따른다. 개인의 색에 대한 정체성을 반영한다.

중간색을 만들기 위해서는 서로가 손을 잡아야 한다.

어린이의 소중한 기억의 장이 된다.

굴다리 밑이 가을 들녘에 흩날리는 자연스런 하나의 지역풍경으로 변모해 나갔다. 그리고 모두가 모여 기념촬영을 했다.

전체 6개월이 넘는 시간을 통해 지역풍경을 재현해 나가는 과정은 이렇게 마무리 되었고, 지금은 주민들과 학생들이 자체적으로 관리하는 지역사람들에게 사랑받는 공간이 되어 있다. 왜냐하면 그들의 손바닥이 곳곳에 찍혀 있으며, 서로가 손을 잡은 흔적이 있기 때문이다. 이것이 참여의 힘이다. 그들은 먼 훗날 시간이 흘러 이곳에 왔을 때 자신들의 손바닥 크기를 재어보며 지역에 서린 추억을 그릴 수 있을 것이고, 아이를 데리고 왔던 어머니에게는 자녀와 함께한 소중한 흔적이 될 것이다. 각 색들마다 그들의 흔적이 남아 있다.

그리고 대학생들은 누군가 같이 할 수 있다는 것, 환경을 위한 디자인과 색채가 지역에 큰 도움을 줄 수 있다는 경관색채디자인에 대한 의미를 새겼다는 점, 어려움이 있었지만 창조적인 아이디어와 토론을 통해 힘든 과정을 극복해 내었다는 자신감을 얻게 되었을 것이다. 물론 이들이 중간에 잘못된 방향으로 가 원하지 않았던 결과를 얻었을 가능성도 있었다. 그러나 그 역시 이들에게는 소중한 경험이며, 이들은 스스로 부딪치고 그것을 넘어가면서 디자이너로 성장해 나가는 것이다.

색채는 현상이지만 동시에 의식이며 문화다. 사람들 속에서 어떻게 만들어 나가느냐에 따라 새로운 가치가 만들어진다. 그리고 그것은 참여를 통한 지역의 풍경을 만들어 나갈 때 더욱 높아진다.

색색들의 손바닥이 벼이삭이 날리는 풍경을 만들었다.

이 공간은 지역풍경의 일부가 된다. 모든 색은 지역의 어린이를 포함한 사람들의 마음을 나타내는 색이기도 하다.

Community Color Design

색채를 통한 지역커뮤니티 디자인

원주시 풍물시장은 오랜 역사를 가진 원주만이 아닌 강원도를 대표하는 재래시장이다. 일명 쌍다리 시장이라고도 불리는 이곳은 장날이 되면 원주시뿐만 아니라 타 지역에서 물건을 사거나 시장의 정취를 즐기러 오는 사람들로 북적인다. 도시화의 발달로 재래시장을 지저분한 곳이라고 여겨 사라지고 있는 곳도 많으나, 이곳은 대형마트에서는 볼 수 없는 사람 사는 냄새와 만남이 있다. 값을 조금이라도 깎아보기 위해 실랑이를 벌이는 사람, 대낮부터 술을 마시는 행인이나 방금 따온 야채를 늘어놓고 좌판을 벌이는 상인, 주변 시골에서 사람냄새가 그리워 찾아오는 사람들까지, 이 정겨운 풍경을 만드는 주인공은 다양하다. 여기서는 누가 주인이고 누가 상인인지는 큰 문제가 아니다. 정해진 규칙 없이 각자가 자신들의 삶에 충실하고 뭔가를 해보겠다는 마음이 거리를 만드는 것이다.

이곳이 환경미화를 정비해 보고자 시작한 것은 2007년 여름이었다. 원주 밝음의료생협과 시민단체 멋살림이 중심이 되어 재래시장 상인들에게 환경정비를 통해 생활환경을 개선하고 삶의 활력을 불어넣고자 하는 의도에서 계획을 세웠다. 풍물시장 상가번영회도 적극적으로 팔을 걷고 나섰다. 그러나 시민단체와 상가번영회는 뜨거운 열정에 비해 어떻게 풍물시장에 어울리는 디자인을 구체적으로 해 나가고,

장날이 되면 사람들로 북적이는 풍물시장에는 원주시의 삶의 향기가 남아있다.

관리해 나가야 하는지에 대한 전문적 지식이 부족했다. 그리고 중요한 것은 부족한 예산의 문제였다. 행정에서는 불법건축물의 안전문제와 신도시개발 중심의 방침으로 인해 풍물시장에 대한 지원이 어려운 상황이었다.

이러한 문제를 해결하기 위해 시민단체는 국가 지역개선 지원사업에 응모하기 시작했고 그 과정에서 평소 친분이 깊은 지역단체의 권유로 나는 디자인 코디네이터로 전체진행을 맡게 되었다.

원주는 지역의 유서 깊은 문화재와 많은 경관자산이 있지만, 경관개선에 그러한 지역의 자산이 적극적으로 활용되기보다는 아파트 등의 신도시개발이 중심이 되어 있어 지역의 커뮤니티를 지켜내고 구도심의 활력을 찾는 것이 장기적인 경관정비의 과제가 되어 있다. 그러한 원주의 역사적 자원만큼이나 큰 자원은 바로 사람들의 뜨거운 열정이다. 많은 시민단체가 있고, 특히 지역을 지켜내고자 하는 지역시민단체의 노력이 있어, 경관색채계획에 그 사람들을 중심으로 세우고, 의식을 키워나가는 것이 당면한 과제였다. 보통 경관디자인이나

1. 좁은 복도는 보행자에게 불안감을 준다
2. 좁고 어두운 복도, 창고가 난잡하게 흩어져 있다.
3. 시장상인과 행인이 사용하는 지저분한 화장실. 항상 오물냄새가 진동을 한다.
4. 복잡하게 엉킨 전선은 항상 감전의 위험이 있다.
5. 원주천 주차장과 연결된 어두운 복도와 낙서는 방문객들에게 불쾌감을 전한다.
6. 어지럽게 쌓인 물건과 단차로 인해 불편한 입구 통행로

경관색채계획을 생각하면 무엇인가 도면을 그리고, 색채를 정하고 제출하면 되는 경우가 많으나, 때로는 지역의 경관자원이 되는 사람들의 의식을 디자인하는 것도 중요한 과제가 된다. 색채와 경관디자인의 질적 수준도 중요하지만, 그 디자인이 사람과 커뮤니티 속에 구체적으로 녹아들도록 하기 위한 조율이 중요하다.

첫 시작은 멋살림이 건설교통부에 제출한 녹색마을 개선사업이 통과되면서 받은 예산이 계기가 되어, 시민단체의 후원과 상가협의회의 자금 일부를 더해 공사를 진행하기로 했다. 지속적인 토의를 통해 지저분하고 어두운 화장실과 복도를 개선하고 출입구 부분을 정비하는 것으로 방향은 잡았지만 단지 예산을 들여 보수만 하고 끝나는 것은 큰 의미가 없었다. 상인들 스스로가 무엇인가를 할 수 있다는 자신감과 개선에 동참시켜 만족감을 안겨주는 것을 통해 향후 더 나은 개선의 의지로 이어지게 하는 것이 중요했다. 그래서 먼저 상가협의회와 토론회를 열고 방향에 대해 논의를 했다. 작성된 기본안에 대해 많은 사람들의 의견을 모으고, 더 개선했으면 하는 방안에 대해 토의를 했고 상인들의 입에서 다양한 의견들이 나왔다. 그것을 모아 기본적인 색채와 디자인방향을 정하고, 구체적인 사업진행을 시작했다. 그러나 부족한 예산으로 인해 인건비를 충당할 수 없는 문제가 생겼다. 그때 지역의 시민단체와 상인들이 자발적으로 인부가 되어 공사를 진행해주었고, 벽화를 그리는 전문가가 참여하고, 지역의 시공사는 저가로 지역의 명물인 이곳을 지키는 작업에 동참해주어 적은 금액으로 공사를 진행할 수 있었다.

계획의 큰 방향은 화장실의 보수와 냄새제거, 좁은 복도와 창고를 정리해서 통로를 넓히고 밝은 분위기를 만들어 안전하고 깨끗한 환경을 조성하는 것, 복도와 보도 사이의 단차를 낮춰 누구나가 편하게 지날 수 있도록 하는 유니버설 디자인 개념의 적용, 외부에서 잘 보이도록 간판을 대용한 벽화의 제작 등이었다. 기본적인 색채는 시장의 편안하고 토속적인 느낌이 살도록 YR의 고명도 색을 지정했고, 입구 기둥 등에는 가급적 목재 등 자연소재를 활용했다. 대신에 시장 출입구 상단과 원주천 쪽의 외벽에는 화려한 벽화를 그려 사람들이 찾아오기 쉽도록 했다. 벽화가 오히려 혼란스런 분위기를 줄 수 있다는 의견도 많았으나 오히려 재래시장의 떠들썩한 분위기 연출에 어울릴 수 있어 화려한 색을 사용하기로 정했다.

출입구의 간판은 시민단체의 회원들이 직접 손으로 자르고 붙여서 만든 것이다. 이렇듯 많은 사람들의 노력과 정성으로 풍물시장의 화장실과 벽화는 놀라울 정도로 깨끗해지고, 밝고 개성적인 공간이 되었다. 화려함과 차분한 색채가 조화되어 지금까지의 부정적인 이미지가 시장 상인들의 밝은 미소만큼이나 밝아졌다.

공사 마지막 날은 참여했던 모든 사람들이 모여 축하잔치 겸 보고회를 열었다. 술을 못 마시는 상가번영회장님도 이날은 얼굴이 벌개져 마이크를 잡고 몇 번이고 감사의 말을 전했다. 그리고 시장상인들 모두 기쁨에 들떠 있었으며, 얼굴에는 밝은 미소가 넘쳐흘렀다. 물론 이러한 디자인 자체가 아주 뛰어난 수준은 아니다. 사실 그럴 필요도 없을지 모른다. 이 디자인의 목표는 이 상인들과 시민단체가 우리도 무엇인가를 할 수 있다는 것을 안겨주는 데 목적이 있었기 때문이다. 이제 작은 시장의 일부분이 개선되었을 뿐이지만, 이것은 다시 새로운 가능성을 열고 자신들의 주변경관을 개선하려는 새로운 시도로 이어질 것이다. 물론 많은 시련이 앞을 막겠지만 그것을 넘어서 개성적인 경관을 만들 수 있다는 작은 자신감은 이 계획에 참여한 모든 이들의 가슴 속에 남아 있다.

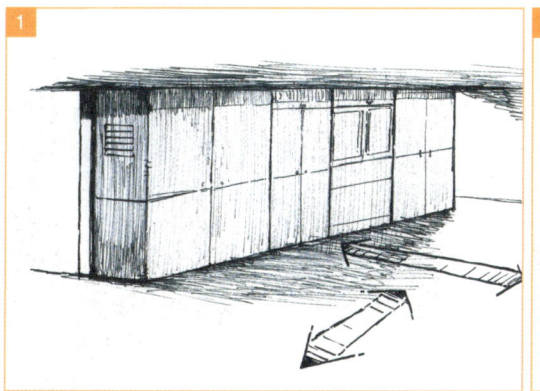
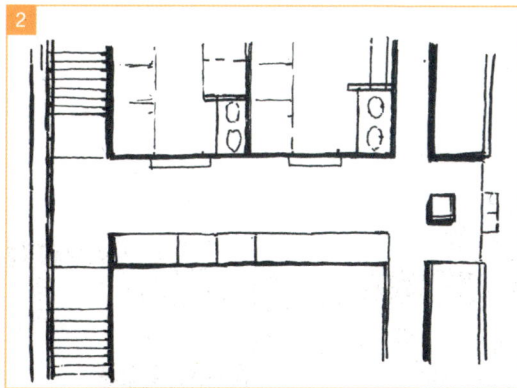

1. 복도의 창고와 가스창고를 한쪽으로 정렬하고 색은 밝은 YR계열로 통일했다. 소화전도 소방서의 협조를 얻어 같은 디자인으로 정렬했다. 작업은 상가상인들의 손으로 이루어졌다.
2. 전체적인 공간배치 – 보행로를 최대한 넓게 확보하는 방향으로 잡았다. 이 간단한 스케치는 상가분들과의 협의해 직접 쓰여진 자료다.
3. 간판의 이미지와 간접조명 이미지 – 상가상인과 시민단체 관계자들이 손으로 집적 제작했다.
4. 보행자의 안전을 위한 단차 스텝의 설치와 전기선을 정리하기 위해 목제로 기둥을 둘렀다.
5. 내용의 공유를 위해 상가협의회와 지속적인 협의가 필요하다.

1. 입구 상단의 벽화가 멀리서도 풍물시장을 알리는 역할을 한다.
2. 입구의 기둥 – 외부를 목재로 둘러 안전하고 주변분위기와 어울리도록 했다.
3. 외벽의 창고를 같은 디자인으로 정리하고 문을 만들어 창고로서의 활용도는 그대로 유지했다.
4. 깨끗하고 넓어진 복도에서 고사를 지냈다.
5. 깨끗해진 화장실 내부
6. 원주천 방면의 벽화 – 활기를 가져온다.

05 색채를 통한 지역커뮤니티 디자인 217

1. 준공잔치 때는 의료생협이 상인들에게 무료진단을 실시했다. 이러한 활동은 커뮤니티 간의 교류를 높인다.
2. 이전과 이후를 알리는 사진을 준공잔치의 한 귀퉁이에 전시했다. 모두가 노력한 성과가 한눈에 보인다.
3. 이러한 시각적인 전시효과는 의외로 크다.
4. 행사의 즉석 퍼포먼스
5. 주변시민들까지 모두 모여 공간의 새로운 변화와 출발을 축하한다.
6. 흥겨운 잔치 – 작은 시작이지만 이들에게는 큰 힘이 된다.

Landscape Color Column

아름다운 도시의 색, 추한 도시의 색

아름다움의 기준은 시대에 따라 조금씩 다르다. 그렇다면 오늘날 우리의 도시에 있어 아름다운 도시의 색이란 어떤 색을 의미하는 것이고 아름답지 않은 색이란 무엇이고 어떠한 색을 말하는 것일까.

누구든지 건물이나 공간의 경관을 이야기하며 아름답다, 조화롭다, 지저분하다, 어울리지 않는다 등의 언어로 그 공간에 대한 이미지와 색채에 대해 평가하고 사람에 따라 차이는 있지만 동시대의 같은 공간에서 살아가는 사람들은 대체로 비슷한 성향을 보이는 것을 알 수 있다.

이러한 기본적인 궁금함을 해소하기 위해 산업대학원 환경색채 수업과정의 일환으로 아름다운 도시의 색채란 무엇이고, 추한 도시의 색채는 무엇인가에 대해 조사를 해 보고, 이 시대, 우리의 도시에 있어 바람직한 또는 아름다운 색채의 방향에 대해 논의를 해 보고자 했다. 그러나 이 수업은 단지 색채계획의 새로운 방향을 정의내리는 것에만 목적을 둔 것은 아니며, 2000년, 도시디자인과 경관디자인 등에 대한 풍성한 논의가 시작되고 있는 국내의 상황에서 지금의 도시가 가진 개성적인 색채를 기록하고, 추상적인 논의보다 구체적으로 현재의 역사를 기록하고 평가하는 경관색채론의 전개에 기본적인 의도가 있었다. 이러한 작업은 한쪽으로 지나치게 치우쳐 도시를 평가하는 것을 막고, 다양한 시점에서 도시의 경관색채를 바라볼 수 있도록 한다.

우선 대학원생들에게 아름답다고 생각되는 공간이나 가로, 건축물, 시설물 등을 대상으로 10곳을 선정하여 사진을 찍어오고 아름답다고 생각한 이유를 정리해 오도록 했다. 그 다음으로 아름답지 않은 또는 추하다고 생각되는 도시의 색채를(개념에 따라서는 다양하게 판단할 수 있겠지만) 대변하는 공간과 시설 10곳을 선정하여, 마찬가지로 사진을 찍고 그 이유를 정리하도록 했다.

대학원생들은 대학교 때는 디자인이나 회화를 전공한 사람들이 많으며, 현재도 색채와 디자인을 전공한 사람들이 대부분이라 색채와 디자인에 대한 이해도는 높으나 도시공간에 있어서 색채에 대한 관점은 아무래도 1차원적인 접근이나 부분적인 색으로 공간 전체를 해석할 우려가 많다고 개인적으로 생각하고 있었다. 또한 국내에서도 경관색채의 용어는 많이 알려져 있지만, 아직까지 환경디자인이나 경관디자인의 전체적 관점에서 색채를 보기보다는 색채의 이미지 자체를 경관계획에 적용하고자 하는 경향도 자주 접했기 때문이었다.

다음 사진은 학생들이 아름답다고 생각되는 도시의 색채와 그렇지 못한 도시의 색채에 대한 자료 중에서 기억에 남는 몇 가지를 나열해 본 것이다. 이 사진들은 학생들이 거리 곳곳을 돌아다니며 촬영한 것이나 몇몇은 이전에 다녀왔던 해외여행에서 찍은 인상적인 사진을 정리해 온 경우가 있다.

아름다운 도시의 색채이미지

06 아름다운 도시의 색, 추한 도시의 색   221

1, 2.   촬영 : 황하예진
3, 4.   촬영 : 황수영
5, 6.   촬영 : 이경순
7, 8.   촬영 : 조영미
9,10.   촬영 : 이정은

아름답지 못한 도시의 색채이미지

1, 2. 촬영 : 이경순
3, 4. 촬영 : 조영미
5, 6. 촬영 : 황수영
7, 8. 촬영 : 황하예진

06 아름다운 도시의 색, 추한 도시의 색 223

학생들이 아름다운 이유와 아름답지 못한 이유에 대해 서술한 내용을 정리하면 다음과 같다.

아름다운 도시색채의 연상언어

- 거슬리지 않는다. 공사장 외벽거리의 조형배색. 인공적 + 자연적. 느낌의 조화. 단순한
- 아기자기. 전통적. 상품 = 건물 이미지의 명확성. 부담 없음. 고전적. 통일성. 예쁘다. 콘셉트
- 주변과 조화풍경, 형태. 벽돌, 나무, 수목과 어울린다. 도로에 어울리는 이미지
- 상품과 어울리는. 혼연일체요소간. 자연환경과 어울리는 가로경관자연친화, 수목
- 건축물의 소재와의 조화벽돌, 나무. 포인트 형태를 잘 살리는. 생동감. 좋아하는 톤의 배색
- 색의 조화. 식욕. 나름대로의 스타일. 형태와 어울림. 환경과의 융화. 쾌적함. 독특함과 조화
- 한국적. 예쁘다. 지역성특성. 포인트. 자연스러운. 인테리어가 우러나오는. 그림이 되는
- 세련된. 고풍스러운. 신선함. 독창성. 부분의 디테일. 이국적 이미지. 개성적. 건축양식과의 조화. 아이덴티티. 은은한. 편안한. 경쾌한. 마무리외장재. 안정감. 재미. 입체감
- 부분과 전체의 조화. 잘산다. 명품. 향수. 고급. 무국적. 편의성. 볼거리. 휴식공간. 보호

아름답지 못한 도시색채의 연상언어

정신 사납다. 형광색 현수막. 떡 들어오다. 지나친. 디자인의 부조화. 보색대비. 통일감이 없다위 아래의 건물, 간판. 평소에 나쁘다. 환경과 부조화. 부동산. 공사장. 다른 건물과 부조화. 괴기스럽다. 주민의 항의. 부담스럽다. 무섭다. 흰색이 자연공간과 부조화. 강한 가로시설물의 색. 부분

이 튄다. 간판과 강한 악센트 색. 정돈감이 없다. 노후된. 촌스럽다. 추악한. 어지럽다. 간판. 거부감. 친근감이 없다. 홍등가 같은 느낌. 구분이 명확하지 않다. 재래시장알록달록. 고휘도. 강조색이 없다. 공공의 색. 셔터문. 로고. 아쉽다. 무계획. 난개발. 이기심. 모텔. 주유소. 퍽퍽. 배색이 없다. 위협적이다. 어색함. 혼란스럽다. 장애물. 획일적인. 어떤 생각인지 모르겠다. 불편. 주변과의 부조화. 배색이 아름답지 않다. 불균형. 다른 건물과의 부조화. 파란색 지붕. 야간의 네온사인. 튀어 보인다. 위태로움위험. 지저분함. 재래시장. 고채도. 무절제. 물탱크. 인지도가 없다. ~답지 않다. 지나친. 다양함. 신도시. 거기가 거기 같다. 피로감. 공공시설의 공공성. 그래픽. 건물자체가 간판. 가짜인 듯한. 다른 소재와 색의 이질감. 땜방. 원색적. 정비 미흡. 집들의 지붕주황. 파랑. 많이 보던 것

   다소 차이는 있지만 서술된 내용의 대부분은 1차원적으로 보이는 소란스런 고채도 색과 부조화된 이미지에 대해 부정적인 견해가 많았고, 저채도의 차분하고 품위 있어 보이는 색채, 개성적이고 주변과 조화된 색채에 대해서는 아름답다는 의견이 주류를 이루고 있었다. 가끔 공간의 특성에 따라 화려한 건축색채가 재미있는 공간을 구성하고, 신선하게 주변공간에 자극제가 된다는 생각으로 아름다운 색채라고 평가하는 학생도 몇 명 있었다.
   대상에서도 경관의 풍경 전체를 보기보다는 구조물의 색채에 대한 의식이 강했던 탓인지 건축물이나, 간판, 시설물이 대부분이었으며 자연공간 자체나 풍경 전체적 이미지의 색채가 갖는 연관성에 대해서는 연속적인 배색에 대한 의견 말고는 드물었다. 특히, 최근 경관정비의 화두가 되어 있는 시가지의 간판문제에 대해서는 대다수가 부정적인 이미지를 가지고 있었다. 따라서 단일개체로서의 색채이미지보다는 건물과 건물, 건물과 자연, 건물과 시설물, 자연 등 장소의 관계성에서 만들어지는 풍경으로서의 색채이미지에 대한 이해를 높이

고자 한 것이 이번 과제의 목적이기도 했다.

 전문적으로 공부하는 학생들만이 아닌, 일반인들도 도시의 색을 평가할 때는 한부분의 색채만으로 도시전체를 규정하는 경우가 많으며, 색채와 색채의 관계성이 만들어 내는 조화관계에 대해서는 알면서도 간과하기 쉽다. 최근 논의되고 있는 간판문제나 아파트의 색채, 시설물의 색채공해에 대해서도 이러한 경향이 지배적이며, 간판만 바꾼다면, 아파트의 그래픽만 없앤다면 무엇인가 새로운 색채공간이 나올 것으로 여긴다. 그것은 색채가 그 공간의 부분적 외피로 범위가 한정되기 때문이다.

 현재의 간판문화 역시 우리 도시의 시대문화자 산물이다. 지금은 많은 이들이 지저분하다고 지적하지만, 10여 년이 지나면 그 시대 거리문화를 나타내는 향수로 여겨 그리워하게 될지도 모른다.

 색채의 미에 대한 판단기준에는 누구나 자신이 아름답다고 여기는 이상적인 '표상' 이 있다. 그 표상에는 구체적으로 연상되는 이미지로 자신이 이전에 봤던 아름다운 공간의 색채나 배색, 소재의 느낌이 잠재적으로 반영되기도 하며, 유럽의 거리이미지나 개성적인 뒷골목의 이미지가 반영될 수도 있다. 최근에 많이 회자되고 있는 명품도시라는 용어도 경제적 수준의 향상에 어울리는 도시공간에 대한 요구가 반영된 경우중 하나다. 약간의 차이는 있지만 전반적인 시대적 요구가 그러한 표현을 가능하게 하는 것이다.

 그러나 아름다운 도시의 색채기준에 대해서는 전공으로 다루는 사람들과 일반시민들의 의견 사이에 적지 않은 차이가 난다. 심지어 전문가들 사이에서도 아름다운 색의 기준에 대해 화려하거나 튀는 방식으로 다른 곳과의 차별화를 주는 것을 선호하는 경향도 꽤 있다. 지역의 개성을 반영한다며, 절제되지 않은 색과 과도한 디자인으로 공간의 연속성을 없애기도 하고, 자연 경사지를 파내고 지역의 상징물을 심어두며 그것을 아름답다고 생각하기도 한다. 지역에 홍어가 많이 난다고 버스정류장에 홍어를 디자인하고, 사과가 많이 난다고 시의 입구에 큰 사과를 디자인하고, 간판을 정비한다고 일률적으로 같은 색의 서체와 색채로 통일시키고 그것을 아름답다고 생각한다. 최근 차분한 색으로 많이 바뀌고는 있지만 위의 사례처럼 아직까지 많은 수의 아파트들이 과도한 그래픽과 색채로 외부를 꾸미며 그것을 개성이고 명품이라고 생각한다. 다들 명품과 조화를 생각하지만 그 기준은 제각각인 것이다.

이러한 다양성은 창조적 문화를 향상시키기 위해서는 중요하지만, 도시라는 범주에 들어오면 그 문제는 달라진다. 도시는 단지 유행의 문제나 재미의 소재가 되기에는 그 규모가 너무 크고, 한 번 형성된 구조를 다시 바꾸는 데는 많은 경비와 시간이 요구된다. 그리고 더 심각한 문제는 역사적인 공간이 원형을 잃게 되면 그것을 회복하기에는 너무나 많은 대가를 치러야 한다는 점이다. 한 예로 아산의 외암리 마을의 경우 저자가 2001년 조사를 갔을 때만 해도 본래 가진 공간의 자연스러움이 아름다웠으나, 시 차원의 경관정비 이후에는 부자연스런 돌담과 배전함의 화려한 그래픽, 우리의 양식과는 맞지 않는 정원과 각종 시설물들이 어색한 공간을 만들어 버렸다. 심지어 들어가는 입구의 게이트는 마치 군부대를 들어가는 느낌마저 준다. 하회마을 역시 예외가 아니며, 전국 곳곳에는 그러한 곳이 수도 없이 많다. 설익은 아름다움에 대한 기준으로 접근한 공간의 정비가 얼마나 큰 폐해를 미치는가는 지금은 알 수 없을 것이다.

위에서 나열한 아름다운 도시를 대표하는 색의 언어들을 다시 한번 살펴보자.

개성과 정체성, 어울림, 조화 등 장소에 대해서는 많은 표현이 가능하다는 것을 알 수 있다. 그것이 금방 만들어지는 것인가. 단지 인공적인 공간을 만든다고 느껴지는 것인가. 다른 곳에 좋은 것이 있다고, 그것을 흉내내어 재현한다고 되는 것인가. 결국 중요한 것은 과정이고, 그 경관만이 가진 색채환경을 정확히 파악하고 가꾸어나가는 것이다. 그것은 재래시장과 같이 소란스러울 수도 있고, 신시가지와 같이 깨끗이 정비되어 있을 수도, 오랜 풍경과 현대적 풍경이 같이 있는 곳일 수도 있다.

자연을 돌아보자. 자연의 색채변화를 보며 그 누가 인위적이라 하는가. 세계의 아름답고 매력적인 도시를 되새겨 보자. 이탈리아의 볼로냐와 피렌체, 스페인의 바르셀로나와 세고비아, 프랑스의 리옹과 파리, 독일의 튜빙겐과 하이델베르크, 북유럽의 많은 도시들, 일본의 타카야마와 쿄토 등 그 수많은 도시에서 보이는 현대와 전통의 자연스러운 조화를 생각해보자. 그것이 외양만의 문제인가. 그 도시공간을 만들어 낸 창조성과 다양함은 오랜 시간을 통해서 만들어져 왔으며 특히, 자연과의 조화는 끊임없는 노력의 결과다. 그것을 과연 1~2년 사이에 만들 수 있을 것인가.

도시의 아름다운 색채에 다양한 기준이 있을지라도 변하지 않아야 할 기준이 바로 그러한 자연과 사람과의 관계, 지속성, 장소의 정체성이다. 그것을 우리는 흔히 '어울린다. ~답다' 라고 이야기하는 것이다.

색채는 유행과 밀접한 관계를 가진다. 물론 도시환경도 그 시대의 문화와 흐름을 반영하며, 지속적으로 변해가고 아름다움에 대한 기준도 바뀐다. 그러나 그런 속에서도 변하지 않아야 할 공간의 문화가 존재하고 위의 이미지 언어에서도 나왔듯이 그 공간에 어울리는, 그 공간에서만 느낄 수 있는 향기 그것이 바로 그곳을 아름답게 하는 정체성이 될 것이다.

　매력적인 도시는 그 도시만이 가지고 있는 독특한 이미지가 있다. 색채가 될 수도 있고, 건축양식이 될 수도 있으며, 외부의 장식과 자연공간이, 때로는 문화적 이미지나 시대가 그 도시의 매력을 만들 수 있다. 거기서 도시의 색채는 주변과의 관계를 조율하는 역할을 하기도 하며, 상징적인 색으로서 그 자체로 랜드마크가 되기도 한다. 그러나 어떤 색채이건 그것이 놓이는 공간과의 관계, 특징의 반영은 원칙이 되어야 하며, 현재의 단편적인 모습에 그치는 것이 아닌 과거의 모습과 그 공간의 먼 미래의 모습과의 연계성까지 생각해야 한다. 참으로 아름다운 도시의 경관색채는 과거의 색채환경을 소중히 여기고, 지금의 색채환경을 솔직히 인정하며, 미래의 모습을 담아내는 지속가능한 색채이미지다. 그리고, 그것이 2008년의 한국의 도시가 지향해야 할 색채계획의 바람직한 방향이지 않을까.

Landscape Color Column
고층건물 외부색채의 흐름과 방향

　최근 들어 도심의 미관이 많이 개선되고 있다는 점에는 누구나 다 동의를 할 것이다. 여기에는 시민의 생활수준의 향상과 도시공간에 대한 질적 욕구가 높아진 것에 일차적인 원인이 있으나, 우리 사회가 도시를 바라보는 시각이 성숙되었고 정책적으로 이러한 것을 반영하려는 다양한 시도가 병행되었기 때문에 지금의 수준까지 올라올 수 있었을 것이다. 특히나 우리 도시문화의 대표적 주거형태인 아파트의 경우만 해도, 불과 10여 년 전만 해도 단지 콘크리트를 올리고 외벽에 화사한 색을 칠하는 것만으로도 충분히 만족했었지만, 외관의 디자인과 조명, 색채의 품위, 녹색공간의 확보와 주변 스카이라인의 반영과 입면의 변화 등을 당연하게 요구하고 있는 최근의 상황은 이러한 생활공간의 미적 수준의 향상을 명확하게 반영하고 있다. 아파트와 같은 이러한 고층건물 외관의 변화는 단지 도시미관에서 표면적인 부분이 변했다기보다는, 도시를 구성하는 중요한 요소로서 도심건축물의 아름다움에 대한 사회적 기준, 색채의식의 변화와 같은 의식의 변화가 있었기에 가능한 것이다.
　이에 본서에서는 국내의 아파트 외관색채가 변해가는 과정에 대한 고찰을 하여 문화, 사회적 현상과 연관시켜 국내의 도시 외벽색채에

10여년전의 아파트 외부색채

최근 지어지는 아파트의 외장색채

최근 10여년간의 아파트 외장색의 변화

대한 의식변화를 살펴보고 이후의 아파트 외관색채의 방향에 대해 가볍게 이야기해 보고자 한다.

외부환경색채에 대한 의식의 변화

굳이 사설을 달거나 구체적인 데이터를 제시하지 않더라도, 10여 년 전이렇게 말하면 애매하니 1995년 전후로 하자에 지어진 아파트와 최근의 아파트 외벽색채를 비교해 보면 화려한 색채와 복잡한 그래픽, 개념적인 패턴의 전개에서 단순하고 차분한 저채도의 색채로 바뀌고 있다는 것을 쉽게 알 수 있을 것이다아직까지 지방도시에서는 화려한 외벽색채그래픽이나 건축사의 로고를 사용하는 경우가 있지만. 아파트는 기본적으로 높이가 높고 여러 동이 군으로 몰려 있는 경우가 대부분이기 때문에 시각적으로 주변에 미치는 영향이 크며, 특히나 그 외벽은 아파트의 브랜드 이미지와 함께 자산가치와 직접적으로 연결되는 부분이기 때문에 민감한 부분일 수밖에 없다. 이것은 단지 표면적인 색채의 변화로 볼 수도 있지만, 자세히 살펴보면, 사람들의 외벽색채에 대한 아름다움의 기준이 1995년 대 전후 '다른 곳보다 튀고 화사한, 개성적인' 이라는 공식이 성립했고 그것을 외벽에 추구했었다면, 최근의 경향은 '다른 부분, 장소와 조화된, 안정적인, 품위 있는' 이라는 거주 라이프스타일 의식이 바뀌고 있다는 것을 느낄 수 있다. 쉽게 표현하자면 이전에는 외벽에 화려하고 강렬한 그래픽을 표현하여 차별화된 색채를 선호했던 것에 비해 최근은 그러한 지나친 표현방법을 촌스럽고 부담스럽게 느끼고 있는 것이다. 물론 이것은 색채에만 한정된 문제는 아니다. 아파트 외부의 건축디자인에서도 상자모양의 단순한 디자인에서 입체적인 입면과 고품격 소재를 활용하여 품격을 추구하는 것이 일반화되고 있는 추세다. 그럼 1995년 전후부터 최근까지 어떠한 변화가 있었을까.

첫째는 경제력의 성장과 국민소득의 향상을 들 수 있을 것이다. 특히 국민소득 2만 달러에 인접해 있다는 사실은 생활에서 양보다는 질적인 면을 추구하게 되는 중요한 요인이다. 이 부분과 아파트 색채변화의 관계에 대해 동의를 하지 않는다면 가까운 일본의 예를 봐도 알 수 있다. 일본도 1980년도 전후에는 몇 년 전의 우리 아파트와 같이 외벽에 화려한 그래픽과 건축회사명 내지는 단지명을 크게 넣은 고층건축물들을 쉽게 찾아볼 수 있었으나, 1979년의 2차 오일쇼크와 도시디자인의 발달, 지역개성화, 경관정비계획의 진행으로 현재와 같은 저채도의 소재색 중심의 외벽으로 점차 바뀌어 나갔다. 최근 일본의 고층 맨션에서 화려한 색채나 그래픽, 건물의 이름을 넣은 사례를 발견하기는 거의 힘들다. 여러가지 변수가 있지만 전반적으로는 국민소득의 향상에 따라 개별적인 건축물의 색채만을 강조하던 성향이 주변과의 전체적인 조화와 차분함을 강조하는 쪽으로 변하는 것은 공통적으로 나타나는 현상이다. 부분적인 것이 지나치게 화려하게 되는 것에 대한 거부감이 나타나는 것이다. 물론 지금은 유서깊은 경관을 가진 유럽에서도 1970년대에는 많은 건물의 외관을 슈퍼그래픽이 장식했다는 점도 이러한 사실을 뒷받침한다.

　사실 1980년대 전후로 우리 도심의 옹벽이나 건물외벽, 건축공사현장의 펜스, 공공건물 등에 슈퍼그래픽이 등장했을 때만 해도 도시에 신선함을 가져온 것이 사실이다. 외부 공간색채에 대한 경험이 부족한 상태에서 기존에 무계획적으로 지어진 건물이 주류를 이룬 도심 속에서, 특정한 고급주택지를 제외하고는 색채를 화사하게 한다는 것은 보기 드물었고, 단지 개별건축물을 돋보이게 하는 도장의 기능이 대부분이었던 그때까지의 분위기에 공공공간의 다양한 소재의 그래픽은 충분히 사람들에게 신선한 즐거움을 줄 수 있었을 것이다. 그것은 부분적이나마 공공의 영역으로 색채를 가져온 그 시대의 색채문화임이 분명했다. 지금은 대규모 공간의 슈퍼그래픽이 천덕꾸러기 신

슈퍼그래픽 – 도심에 색채의 화사함을 알리는 역할을 했다

세가 되고 있는 경우도 많지만, 도시공간에 있어 색채의 새로운 가능성을 제시했다는 점에서는 큰 시사점을 가진다.

둘째로는 선호하는 색채경향의 변화다. 외국과의 자유로운 왕래는 우리 도시색채와 다른 국가나 지역의 도시색채와의 자연스러운 비교로 이어지고특히나 유럽과 미국, 일본 등의 선진도시, 그 결과 너무 단순하고 무분별하게 쓰여서 혼란스러운 도시색채에 대한 불만이 생기게 된다. 이 불만은 경관을 개선하고자 하는 의지로 이어지는데, 특히나 통일된 경관에 대한 지향이 강해진다. 물론 최근 일련의 색채정비는 지나치게 통일성만이 강조되어 개성이 결여된 결과를 초래하지만 말이다. 지나친 개성보다는 가로로서의 도시색채가 가지고 있는 위계와 질서는 매력적인 도시가 갖추어야 할 필요조건이다. 그러기 위해서는 우리의 도시경관에 맞도록 채도를 낮추고, 일본만큼 지나치게 낮지는 않더라도 색상은 정돈하는 것이 필수적이다. 또한, 움직이는 공간에는 강한 채도를 선호하지만, 건물 등의 외부색채에는 차분하고 세련된 소재색을 중요시하는 경향이 서서히 자리를 잡아가고 있는 점에서도 볼 수 있듯이 선호하는 색채의 경향은 바뀌어 왔으며, 10년 사이에 이러한 변화의 폭이 가장 컸다.

셋째로는 국민의식 및 공공의식의 상승이라고 생각된다. 전후에 발달된 우리의 도시문화는 내부를 꾸미는 정성에 비해, 외부공간은 별개의 공간으로 여겨 그 가치를 소중히 여기지 않았다. 아파트문화는 말할 것도 없고, 개인주택의 높은 담벼락과 내부에서만 즐길 수 있도록 되어 있는 정원, 안쪽 벽은 화단으로 꾸며도 바깥 벽은 그냥 시멘트 블록으로 처리하는 등, 공공공간과 개인공간의 단절이 심화되어 있었다. 선진도시들이 공용공간 COMMON SPACE의 활용을 도시발전에서 가장 중요한 측면으로 다루며, 사람들 간의 교류를 촉진시키고 안전하고 살기 좋은 환경을 만드는 방향으로 나아가는 반면, 쾌적한 스타일의 대안이 없었던 우리의 도시는 점점 더 높아지는 아파트와 주택의 벽 속에 갇혀 공공공간에 대해서는 무관심했던 것이 사실이었다. 이러한 경향이 최근에는 점차 공공공간과 커뮤니티가 가진 중요성에 대한 의식확대로 이어져 주변환경의 개선과 향상으로 이어지고 있다. 이것 역시 외부공간의 부조화스러운 색채환경에 대한 개선요구로 이어지게 된다.

이러한 사회, 문화적인 일련의 변화를 배경으로, 몇 년 사이에 우리의 아파트 색채문화는 눈에 띄게 바뀌어 나가고 있다. 표면적으로는 화려한 그래픽이 줄어들고 차분한 색채로 바뀌어 나가고 있으며, 건물의 도장만으로 색채를 해결하는 방식에서 녹색공간과 주변환경과의 조화를 강조한 소재의 활용 등도 늘어나고 있다.

1961년 대한주택공사가 건설한 마포의 도화아파트부터 본격적으로 시작된 국내의 아파트문화가 도시경관의 한 요소로 거듭나 새로운 차원으로 나아가고 있다고 생각된다. 그러나 아직까지도 건설사의 브랜드 이미지 중심의 외관색채계획이나 재도장 아파트의 과도한 그래픽 등은 개선되어야 하는 등 많은 과제가 남아 있다.

그런 측면에서는 다양하고 개성적인 디자인과 수준 높은 외부소재로 고층아파트의 수준을 높여나가고 있는 중국 상하이의 도심미관이 서울보다 오히려 수준이 높다고 생각되기도 한다.

새로운 아파트 색채의 대안

최근에 진행되고 있는 아파트 외부색채의 변화는 바로 아파트 디자인에 대한 근본적인 변화의 요구가 반영된 결과며, 이는 사람들의 색채에 대한 요구가 질적으로 향상되었다는 것을 말해준다.

도쿄의 고층맨션의 외관(일본)

상해의 고층아파트의 외관(중국)

외국의 고층 주거건물의 색채

그렇다면 향후 도시의 아파트색채는 어떠한 방향으로 나아갈 것인가라는 의문이 든다. 거주의 발달사를 생각하면 이제부터 우리의 거주스타일도 아파트 중심에서 개인주택과 공동주택을 중심으로 한 선진국형으로 서서히 바뀌어 나갈 것으로 예상되나, 우리의 부족한 도심의 주거환경을 생각할 때 아파트 주거문화는 피할 수 없을 것이고, 아마 본인의 생각으로는 물론 외국의 고층건물의 색채의 발전도 이와 동일했지만 도료 중심의 외벽색채가 소재색으로 서서히 바뀌어 나갈 것으로 여겨진다. 물론 지금도 저층부에 한정되어 있기는 하지만 많은 아파트의 소재 = 색채라는 식으로 생각이 바뀌어 나가고 있다. 그렇게 되면 외벽에 눈에 띄는 그래픽을 사용하기보다는 외부디자인에 적합한 소재로 바뀌어 나갈 것으로 예상되며, 외벽색채뿐만 아니라 아파트의 로고와 동수 등에 대해서도 지금과 같이 과도한 크기와 디자인을 적용하기보다는 최소한의 크기와 형태 물론 없어지는 것이 가장 바람직하겠지만 와 디자인으로 바뀌어 나가야 한다고 생각한다.

　물론 그렇다고 도심을 메우고 있는 아파트의 외장색을 단순하게 통일하는 것도 옳지만은 않을 것이다. 소재의 다양성과 건물입면의 변화, 가로 전체와 어울리는 색채의 대안 등을 제시할 수 있다면 건물들마다의 개성은 보다 다양해질 것이며, 시간이 흐를수록 더 깊은 맛을 낼 가능성도 커질 것이다. 중요한 것은 아파트의 외관색채가 단순히 그 건물의 색채가 중심이 되기보다는 가로 전체의 환경을 생각하는 방향으로 전환되어야 한다는 점이다.

글을 마치며

대학을 졸업할 때, 나는 인생의 진로를 놓고 두 가지를 고민하고 있었다. 하나는 지금까지 해온 회화작업으로 작가가 되는 것과 환경색채디자이너의 길이었다. 그 당시는 캔버스를 크게 만들어 작업해도 만족하지 못했던 나 자신의 작업욕구도 있었으나 한편으로 더 큰 공간에 그림을 그리고 싶다는 막연한 욕구도 있었다. 그리고 어느 순간, 그 둘은 양립할 수 없다는 것을 깨닫게 되었고, 도시디자이너로서의 길을 선택했다. 그러나 막상 무엇인가 하려고 해도 기초적인 지식과 경험, 기반이 없었던 상황에서 사회에서 내가 할 수 있는 일은 그렇게 많지 않았다. 그 후로 도시의 슈퍼그래픽과 관련된 일을 접하는 속에서 철학적 한계라는 또 다른 벽에 부딪치며 도시를 이해하지 않고서는 그 이상 나아갈 수 없다는 절박감을 접하게 되고, 본격적으로 경관디자인과 색채를 공부하며 지금의 길로 접어들게 되었다.

나는 개인적으로 낯설음을 좋아하기도 하고 익숙함을 좋아하기도 한다. 유럽의 골목을 걸어다니며 길을 잃어도 그 어색함이 항상 자극을 주고, 때로는 어디에 구멍가게가 있는지, 어느 슈퍼마켓의 아줌마가 좋은 물건을 싸게 파는 지도 알 수 있는 거리의 익숙함도 사랑한다. 도시는 다양한 개성의 집합체고 나 역시 그 속의 한 요소일 것이다. 그러한 유럽과 아시아의 수많은 도시를 돌아다니며 느꼈던 감동들은 항상 나의 사고를 새롭게 했다. 부족하나마 내가 이렇게 도시를 바라볼 수 있었던 것은 그 속에서 헤맸던 내 인생의 시간들과도 비슷한 길들의 풍경을 통해서일 것이다. 나는 아직도 그림을 포기하지 않았다. 나는 여전히 색채라는 도구를 가지고 도시라는 거대한 캔버스에 그림을 그리고 있다. 나는 나뭇잎이 어울려 햇살에 화사하게 빛나듯이 가지각색의 부분들이 조화되어 전체를 이루는 작품을 추구하고 있다. 그러나 그것은 나의 작품이 아닌 그 속에서 살아가는 모두의 작품이고 난 여전히 그것을 그리기 위한 걸음마를 하고 있다.

색채의 조화는 단지 거리의 요소들간에만 있는 것은 아니다. 그것을 행하고자 하는 사람들의 관계에서도 조화가 필요하며 그것이 길게 때로는 짧게, 싱그럽기도 하고 노숙하기도 한 다양한 모습들의 관계에서도 나타난다. 1장에서 이야기했듯이 이제는 색채로 자신의 주장만 하는 시대를 넘어 서로가 어울리는 도시이미지로 나아가야 하고, 점차 그렇게 될 것이라 생각한다. 그러나 그 속에서 우리들의 모습이 사라져버린, 즐거운 경험과 이야기가 없다면 그것은 영혼 없는 사람과 무엇이 다를까. 성급함은 도시를 상처받게 하는 가장 쉬운 길이다. 천천히 가더라도 자신의 모습을 보고, 조화와 어울림을 생각하며 나갈 수 있는 그러한 도시디자인이 자리잡을 수 있을 때 인간다움이 존재하는 도시가 되어갈 것이다. 그리고 나 역시 그 안에 하나의 요소로 리듬을 이끄는 역할을 한다면 이 책에 두서없이 써낸 글들이 가치가 있으리라 생각한다.

이 글을 쓰기까지는 많은 이들의 도움을 받았다. 그들의 도움과 조언이 없었다면 나는 한정된 분야에서 내 주장만을 펼치고 있을지 모른다. 그리고 이들은 나의 인생의 조언자기도 하다. 우선 부족한 경험과 지식에도 불구하고 이 책을 출판할 수 있도록 물심양면으로 협조해 주신 미세움의 강찬석 사장님과 임직원 여러분께 감사의 말씀을 드린다.

누구보다 나의 학문의 틀을 잡아주신 츠쿠바대학 명예교수인 미무라 선생님께 감사를 드린다. 또한 경관색채디자인의 앞길을 열어 주셨고 항상 관점을 잃지 않도록 해 주시는 요시다 신고 씨, 요코하마 시의 쿠니요시 나오유키 씨, 항상 힘든 와중에서도 격려를 보내주신 재단법인 한국색채연구소 한동수 소장님 및 연구소 임직원 여러분에게도 감사의 말씀을 드리고 싶다. 색채디자인 연구의 버팀목이 되어 주시는 홍익대학교 조형대학 박연선 학장님에게도 감사의 말을 전하고 싶다. 또한 논문교정에 힘써주신 홍익대학교 산업대학원 석사과정의 김명희 씨, 박아람 씨, (재)한국색채연구소의 김미숙 연구원에게도 이 자리를 빌어 감사의 뜻을 전한다.

철없는 말썽꾸러기가 커나가는 모습을 항상 걱정스럽게 지켜봐 주셨던 나의 벗들과 사랑하는 가족들에게 감사의 말을 하고 싶다.

2008년 11월
이석현 씀

참고문헌

이 자료에서는 경관색채를 공부하고자 하는 이들과 실제 계획을 진행하는 이들에게 참고가 되었으면 하는 바램으로 이 책을 쓰는데 참고로 한 자료까지 정리했다. 주로 국외자료가 중심이 되었으며, 나중에 원서를 참고하고자 하는 이들을 위해 원어 그대로 표기했다.

국내문헌

김기환 역 (1996). Jean Philippe Lenclos 저.『랑크로의 색채디자인』. 국제출판사.

이석현 역 (2007). 吉田愼悟 저.『경관법을 활용한 환경색채계획』. 미세움.

이석현 역 (2008). 吉田愼悟 저.『도시의 색을 만들자』. 미세움.

이석현 외 2인 공역 (2008). 닉 웨이츠 저.『커뮤니티 플래닝 핸드북』. 미세움.

최승희, 이명순 공역(1998). Frank H, Mahnke 저.『색채 환경 그리고 인간의 반응』. 도서출판 국제

외국문헌

Albert R. Chandler. (1934). Beauty and Human Nature. New York: D. Appleton-Century Co..

Birren, F. (1969). A Grammer of Color. Van Nostrand Reinhold.

Brucke, E. (1887). Die Physiologie der Farben fur die Zweeke der Kunstwerbe (Judd, D. B., 1950´ISCC´Newsletter).

Brucke E. (1887). Die Physiologie der Farken fur die Zwecke der Kunstgewerbe.

Birren, F. (1934). Color Dimensions. The Crimson Press.

Birren, F. (1969). The Color Primer. ed., Van Nostrand Reinhold.

Chevruel, M. E. (1839). De La Loi du Contraste Simultane des Coleures et de l'Assortiment des

Objects Colores. Considere d' Cette Loi.

Fisher, H. T. (1974). An Introduction to Color, Color in Art - A Tribute to Arthur Pope. Fogg Art Museum. Harvard Univ.

Graves, M. (1941). The Art of Color and Design. McGraw-Hill.

Graves, M. (1952). Color Fundamentals. McGraw-Hill

Hesselegren, S. (1984). Why Colour Order System?. COLOR research and application, 9(4)

Judd, D. B. (1955). Classic laws of color harmony expressed in terms of the solid. ISCC. News letter.

Moon, P. & Spencer, D, E. (1944). J. Opt. Soc. Amer.

Moon, P. & Spencer, D, E. (1944). Geometric Formulation of Classical Color Harmony. J. O. S. A. 34(1).

Moon, P. & Spencer, D. E. (1944). Area in Color Harmony. J. O. S. A. 34 (2).

Moon, P. & Spencer, D. E. (1944). Aesthetic Measure Applied to Color Harmony. J. O. S. A. 34 (4).

Ostwald, W. (1916). Die Farbenfibel.

Pfeiffer, H. (1972). 0L'harmonie des Couleurs, Cours Theorique et Pratique. 4eme ed., Dunod.

Pope, A. (1944). Note on the problem of color harmony and the geometry of color space. with reference to articles by Moon and Spencer. J. O. S. A.

Spillmann, W. (1985). Color order system and architectural color design. C. R. A., 10(1).

Spillmann, W (1985). The Concept of Lightness Rations of Hues in Colour Combination Theory. 5th Congress of the International Colour Association AIC. Mondial Couleur 85, Monte-Carlo.

Wilhelm Ostwald (1931, 1933). Color Science. James Walker.

跡部禮子 (1995). 『경관·건축과 색채계획론』. (주)工文社.

靑家淸 (1956). 『생활과 색채』. 修道社.

波多江健郞 역 (1966). AIA 도시디자인 위원회 저. 『도시디자인』. 靑銅社.

千ケ岩英彰 (2001). 『色彩學槪論』. 東京大學出版社.

カラ?プランニングセンタ? (1984). 『環境色彩デザイン』. (株)美術出版社.

千ケ岩英彰·齋藤美穗 역 (1986). 데보라, T. 샤프 저. 『색채의 힘―색의 심층심리와 응용』. 福村出版.

大智浩著 (1962). 『디자인의 색채계획』. 美術出版社.

木村直司・野村一郎 역 (1980). Goethe, J. W. V. 저. 색채론－교시편, 『괴테 전집 14』. 潮出版社.

久保貞・中村一・吉田博宣・上杉武夫 역 (1972). G. 에쿠보 저. 『경관론』. 鹿島出版社.

福田邦夫 (1985). 『색채조화의 성립조건』. 靑娥書房.

福田邦夫 (1996). 『색채조화론』. 朝倉書店.

細野尙志 (1962). 문 스펜서와 그 계통의 색채조화론. 색채과학협회편. 『색채과학 핸드북』. 南江堂.

乾正雄 (1976). 『건축의 색채계획』. 鹿島出版社.

飯島章二 (2001). 『경관색채의 분석과 색채계획을 둘러싼 도시경관환경과 경관보존・형성정책』. 岡山商科大學.

伊藤滋監修 (1999). 『환경시뮬레이션 연구회: 도시디자인과 시뮬레이션』. 鹿島出版社.

磯貝芳郎 외 4인 공저 (1969). 『색채와 형태』. (株)福村出版會社.

今井彌生 (1998). 『색채학・의장학』. 家政敎育者.

井上 裕・浩子 (1992). 『유럽의 취락디자인』. (株)グラフィック社.

飯島祥二 (2001). 『도시경관환경과 경관보전, 형성정책: 경관색채의 분석과 색채계획』. 岡山商科大學.

Jean Philippe Lenclos (1999). 『世界の色彩』. Groupe Moniteeur.

本明寬監 역 (1964). 져드, D. B. & 위치스키, G. 저. 『산업과 비즈니스를 위한 응용색채학』. 다이아몬드사.

城一夫・德井淑子・山田欣吾・池上公平・上坂信男・柏木希介 (1996). 『색채의 역사와 문화』. 明現社.

近藤恒夫 (1986). 『경관색채학』. (株)理工圖書.

川添泰宏・干ケ岩英彰 (1980). 『디자이너를 위한 색채계획 핸드북』. (株)시각디자인연구회.

公共の色彩を考える會 編 (1994). 『거리의 색채작법(제안서)』. 都市文化社.

小林重順 (1994). 『경관의 색과 이미지』. (株)ダヴィッド社

近藤恒夫 (1986). 『경관색채학: 추한 색채에서 아름다운 경관으로』. 理工圖書.

小林重順・道江義賴・誠信書房 (1975). 『응용색채심리』. 誠眞書房.

이석현 (2003). 『풍토성에 기반한 환경색채에 관한 연구』. 츠쿠바대학.

松田豊 (1995). 『색채의 디자인』. 朝倉書店.

野村順一 (1988). 『색채효용론-가이아의 색』. (株)住宅新報社.

南雲治葦 (2003). 『디지털의 색채표현』. (株)錦明印刷.

일본색채연구소 (1989). 『공공의 색을 생각한다』. (株)靑娥書房.

鳴海邦碩 (1988). 『경관에서 거리만들기로』. 學芸出版社.

堀伸夫・田中一郎 역 (1980). 뉴턴. I. 저. 『뉴턴 광학』. 植書店.

일본건축학회편 (1987). 『건축·도시계획을 위한 조사·분석방법』. 井上書院.

일본건축학회편 (1990). 『건축·도시계획을 위한 공간학』. 井上書院.

太田邦夫 (1988). 『유럽의 민가』. (株)丸善.

佐藤邦夫 (1986). 『풍토색과 기호색 (개성화 시대의 색채계획)』. 靑娥書房.

鈴木恒男 (1998). 『실용색채학, 색채심리학의 기초』. オプトロニクス社.

東京商工會議所 (1998). 『환경색채』. (株)中央經濟者.

內川惠二 (1998). 『실용색채학』. オプトロニクス社.

和哲郎 (1937). 『풍토』. 岩波書店.

大智浩・手塚又四郎 역 (1964). 요하네스 이텐 저. 『색채의 예술』. 美術出版社.

吉田愼悟 (1994). 『도시와 색채-매력적인 환경만들기를 위해』. 洋泉社.

저자약력

이 석 현

1997. 2	서울 홍익대학교 미술대학 회화과 졸업
1997. 4	환경조형연구소 드림 대표
2003. 4	일본 츠쿠바대학교 예술대학 도시환경디자인과 석사학위 취득
2003. 5	일본 츠쿠바대학교 환경디자인 미무라 연구실 수석연구원
2003. 7	이바라키현 마카베시 전통건조물 보존지구설정 조사 위원회 경관 조사위원
2006. 2	일본 츠쿠바대학교 인간종합과학대학원 도시환경디자인 디자인학 박사학위취득(ph.D)
2006. 3	일본 츠쿠바대학교 인간종합과학대학원 도시환경디자인 특별연구원 (PD)
2006. 4	일본 츠쿠바대학교 아트 디자인 프로젝트 진행위원
2007. 1	현 (재)한국 색채연구소 도시환경디자인 수석연구원
2007. 9	대한국토 도시계획학회 경관분과 위원
2008. 1	조선일보 도시디자인 자문위원
2008. 2	홍익대학교 산업대학원 색채심리 석사, 박사과정 강사
2008. 4	농촌공사 전원마을사업 환경색채 책임위촉연구원
2008. 4	(재)한국색채연구소 환경색채전문가과정 책임강사
2008. 4	남양주시 도시디자인 정책자문관
2008. 6	문화관광부 지역근대산업유산 경관계획 자문위원
2008. 6	원주시 경관위원회 부위원장
2008. 6	서울시 한강르네상스사업 한강포럼 자문위원
2008. 6	도로공사 경관디자인 자문위원
2008. 8	강원도 횡성군 도시디자인 자문위원
2008. 9	시흥시 정책기획단 경관디자인 정책위원
2008. 9	홍익대학교 산업대학원 환경색채디자인 석사, 박사과정 강사
2008. 9	충남대학교 건축학과 석사과정 강사
2008. 9	아산시 경관위원회 자문위원
2008. 9	2011 세계 유기농 대회 추진위원회 추진위원

저 서
『경관법을 활용한 환경색채계획』. 미세움(2007년).
『도시의 색을 만들자』. 미세움(2008년).
『커뮤니티 플래닝 핸드북』. 미세움(2008년).
『창조도시의 전망』. 미세움(2009년 출판예정).
『도시의 프롬나드 - 매력적인 도시의 거리디자인』. 미세움(2009년 출판예정).

경관색채계획의 이론과 실천
보이는, 그리고 보이지 않는 도시의 색채

경관색채계획의 이론과 실천
보이는, 그리고 보이지 않는 도시의 색채